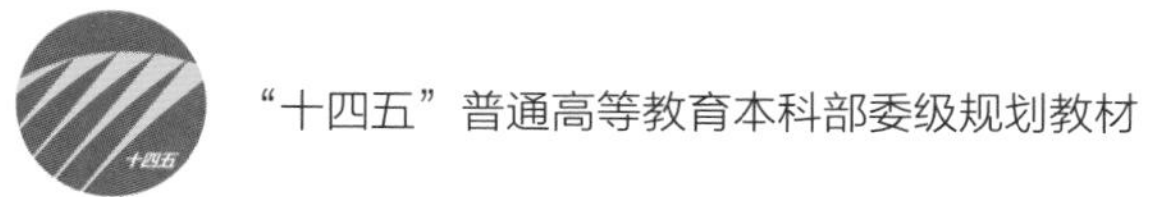

"十四五"普通高等教育本科部委级规划教材

服饰配件表现技法

FUSHI PEIJIAN BIAOXIAN JIFA

童友军 编著

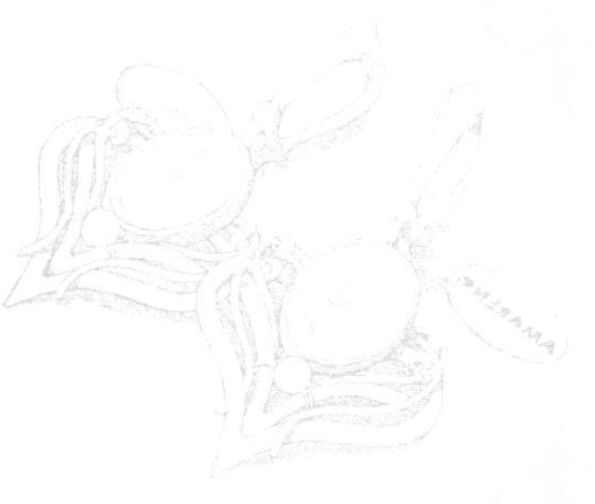

中国纺织出版社有限公司

内 容 提 要

本书主要介绍和分析现代服饰配件的大体类型及其主要表现技法与形式，其中结合图例重点讲解常见的手绘表现技法及部分软件的辅助表现效果。本书主要包括工具材料、常用技法、特殊技法、电脑表现、结构表现、步骤示范等内容，图文结合，以图例为主，让读者学习和借鉴服饰配件的表现技法、技巧。

本书既可作为高等院校服装与服饰设计专业学生的教材，也可作为社会上其他从事相关设计工作人员的参考用书。

图书在版编目（CIP）数据

服饰配件表现技法 / 童友军编著 . -- 北京：中国纺织出版社有限公司，2021.12

“十四五”普通高等教育本科部委级规划教材

ISBN 978-7-5180-9205-5

Ⅰ. ①服… Ⅱ. ①童… Ⅲ. ①服饰—配件—高等学校—教材 Ⅳ. ① TS941.3

中国版本图书馆 CIP 数据核字（2021）第 259055 号

责任编辑：谢婉津　魏　萌　　责任校对：寇晨晨

责任印制：王艳丽

中国纺织出版社有限公司出版发行

地址：北京市朝阳区百子湾东里 A407 号楼　邮政编码：100124

销售电话：010—67004422　传真：010—87155801

http://www.c-textilep.com

中国纺织出版社天猫旗舰店

官方微博 http://weibo.com/2119887771

唐山玺诚印务有限公司印刷　各地新华书店经销

2021 年 12 月第 1 版第 1 次印刷

开本：787 × 1092　1/16　印张：9

字数：186 千字　定价：59.80 元

PREFACE 前言

服饰配件自古以来在人们的穿着打扮中都起着重要的作用，并伴随人类文明的不断进步而不断发展。现代服饰配件同样在美化人们的着装、提升着装者的整体形象、烘托穿戴者的个性气质等方面有着重要的作用。现代服饰配件种类繁多、各式各样，装扮部位也可以说是从头到脚——帽子、围巾、领带、发卡、眼镜、项链、耳环、胸针、腰带、戒指、鞋靴、包袋等都属于服饰配件。作者多年从事服装与服饰设计专业的本科教学工作，而服装与服饰配件的表现技法又是本专业重要的专业基础课程之一，掌握该门课程的有关知识与技能对专业学习的桥梁性作用不言而喻。本书主要从技法表现的角度和层面，系统而较为全面地介绍各种服饰配件表现的技法形式和表达技巧，以供服装与服饰设计专业在校学生及社会上爱好服饰设计或从事相关工作的人员参考和借鉴。由于个人水平有限，存在疏漏和不足之处在所难免，恳请业内专家和同仁指正为谢！

2020年9月于厦门

教学内容及课时安排

章 / 课时	课程性质 / 课时	节	课程内容
第 1 章 /2	基础理论 /4	•	**概述**
		1.1	服饰配件表现技法学习的主要目的
		1.2	服饰配件表现技法学习的主要方法
		1.3	服饰配件的主要装饰部位及类型
第 2 章 /2		•	**服饰配件技法表现的常用工具材料**
		2.1	纸张类型
		2.2	颜料类型
		2.3	画笔类型
		2.4	辅助工具
第 3 章 /20	应用理论与训练 /66	•	**服饰配件的常用表现技法与形式**
		3.1	素描法表现
		3.2	彩铅法表现
		3.3	淡彩法表现
		3.4	水粉法表现
		3.5	蜡笔法表现
		3.6	马克笔法表现
第 4 章 /8		•	**服饰配件的特殊表现技法与形式**
		4.1	剪贴法表现
		4.2	色纸法表现
		4.3	综合法表现
第 5 章 /16		•	**服饰配件的电脑辅助表现形式**
		5.1	Photoshop 软件表现
		5.2	Adobe Illustrator 软件表现
		5.3	Painter 软件表现
		5.4	CorelDRAW 软件表现

章 / 课时	课程性质 / 课时	节	课程内容
第 6 章 /8	应用理论与训练 /66	●	**服饰配件的款式结构表现**
		6.1	款式图表现
		6.2	三视图表现
		6.3	细节图表现
		6.4	尺寸图表现
第 7 章 /8		●	**常见服饰配件表现步骤范例**
		7.1	帽子的表现
		7.2	包袋的表现
		7.3	鞋靴的表现
		7.4	首饰的表现
第 8 章 /6		●	**服装人体及服饰整体表现**
		8.1	头与头部饰物表现
		8.2	手与手部饰物表现
		8.3	脚与脚部饰物表现
		8.4	人体及其饰物的整体表现

注：各院校可根据自身的教学特色和教学计划对课程时数进行调整。

CONTENTS 目录

第1章 概述

第2章 服饰配件技法表现的常用工具材料

第3章 服饰配件的常用表现技法与形式

第4章 服饰配件的特殊表现技法与形式

第5章 服饰配件的电脑辅助表现形式

第6章 服饰配件的款式结构表现

第7章

常见服饰配件表现步骤范例

服装人体及服饰整体表现

第1章 概述

课题名称：概述

课题内容：1. 服饰配件表现技法学习的主要目的

2. 服饰配件表现技法学习的主要方法

3. 服饰配件的主要装饰部位及类型

课题时数：2课时

教学目的：让学生了解服饰配件技法课程学习的主要目的、方法；了解相关技法表现的重要意义；了解服饰配件的主要类型、大体装饰部位及其主要功能。

课题方法：理论讲解和案例分析。

教学要求：结合实际进行基本理论传授，分组讨论理解所学知识。

课前准备：浏览教材，阅读有关参考资料。

1.1 服饰配件表现技法学习的主要目的

设计是人们思维的物化过程及其结果。服饰设计是设计者将想象的服饰造型通过形象的效果表现并将之实物化。也就是说，一个完整概念的设计主要有两个重要环节及步骤，即计划构思和可视实现。抽象的思维在其物化过程中的第一步基本上都是借助图形、图像将其较为直观形象地表达和记录下来。服饰配件设计就是将设计者头脑中的服饰物件先通过草图、效果图、款式图等形式加以记录和表现，然后借助一定的材料和工艺手段进行实物化制作，所以对于从事该项设计工作的学习者来说，服饰配件表现技法的学习和掌握十分重要。

1.2 服饰配件表现技法学习的主要方法

虽然任何知识和技能的学习都是因人而异的，但其都有普遍规律。服饰配件表现技法等知识与技巧的学习与熟练掌握也有其基本要领，人们常说“有志者事竟成”，凡事就怕有心人。“多看、多想、多练”十分必要，也就是说要多看优秀的设计案例、多想别人的表现技巧、多练自己的绘图技法。只有通过不断地分析、临摹和主动训练实践，才能不断提高审美眼光和表现能力。当然，服饰表现技法尤其是手绘表现技法带有一定的绘画制图意味，对手绘能力有一定要求，所以学习者如果具有一定的素描、色彩、速写等美术基础以及对基本的绘图透视技巧有所了解和掌握的话，那么学习起来将会更加顺利和得心应手（图1-1～图1-8）。

图1-1 石膏、人物素描（作者：童友军）

↗ 图1-2　人物素描（学生：童翔之　指导老师：王明泰）
↘ 图1-3　人物速写（学生：马俊荣　指导老师：林建斌）

↗ 图1-4　色彩静物（学生：马俊荣　指导老师：林建斌）

↘ 图1-5　色彩静物（学生：童翔之　指导老师：王明泰）

图1-6　花卉速写（学生：林馨怡　指导老师：童友军）

图 1-7　服饰品速写（学生：林馨怡、宁文琪　指导老师：童友军）

图1-8　服饰人物速写
（学生：林馨怡　指导老师：童友军）

1.3 服饰配件的主要装饰部位及类型

现代人们的配饰样式繁多，装饰位置也各有不同，尤其是女性的配饰可以说是从头到脚无处不在。从主要装饰部位来说，服饰配件大体可以分为头颈部配饰品、胸腰部配饰品、手脚部配饰品等，如图1-9所示。

1.3.1 头颈部配饰品

头颈部配饰品是指用于头上或颈部的装饰物，与其他部位的饰品相比，头颈部一般是较为重要和需要强调的装饰部位，尤其是女性的头颈部饰物更加丰富，有帽子、头巾、发饰、眼镜、耳饰、项链、领结、围巾等（图1-10）。

图1-10 头颈部配饰

图1-9 现代女性的多种配饰

1.3.2 胸腰部配饰品

胸腰部配饰品一般是指胸前和腰间的装饰物件。胸腰部也是人们较为关注的装饰位置之一，配饰物件有胸花、胸针、腰带（图1-11）、腰链等。古人腰饰主要包括玉佩、带钩、带环、带板及其他腰间携挂物，材料一般以贵金属镶宝石或玉石居多。我国早期的腰饰主要是玉佩，即挂系腰间的玉石装饰物。玉佩在古代是贵族或做官之人的必佩之物，因为中国人习惯“以玉喻德”，认为玉体现清正高雅。现代人佩戴腰饰的主要是女性，一般用于腰带的装饰，例如用玉石做带环，或在金属带钩、带环上镶一些宝石等贵重材质。

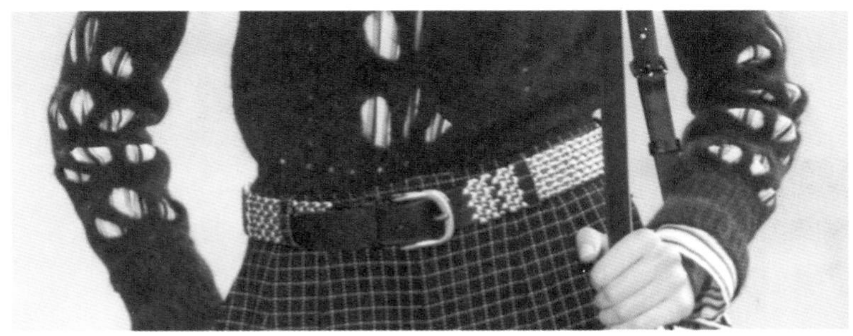

图1-11　腰部饰物

1.3.3 手脚部配饰品

手饰是配饰品的一种，即戴在手上的或拿在手上的装饰品。现代人们手脚部装饰配件也是丰富多彩的，主要有各式戒指、扳指、指环、指甲扣、手镯、手链、手套、手抓包等（图1-12）。脚饰指的是人们日常穿戴的一种脚部修饰品，各式各样的鞋靴是脚部装饰物的重要组成部分（图1-13）。

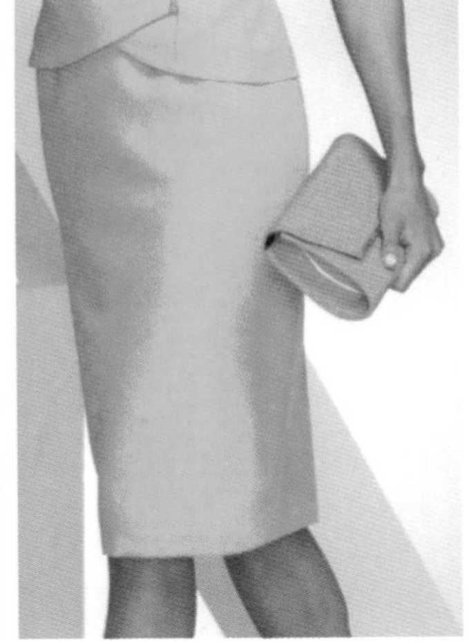

↗ 图1-12　手部饰物
↘ 图1-13　脚部饰物

1.3.4 包袋等饰品

包袋配饰是人们携带的重要物件，各色各样的拎包背包等包袋除了具有装载物品等实用功能以外，也是现代人们特别是时尚男女的最为重要的配饰物件之一，协调而质量上乘的包饰能体现使用者的身份和审美品位（图1-14）。

图1-14　包袋饰物

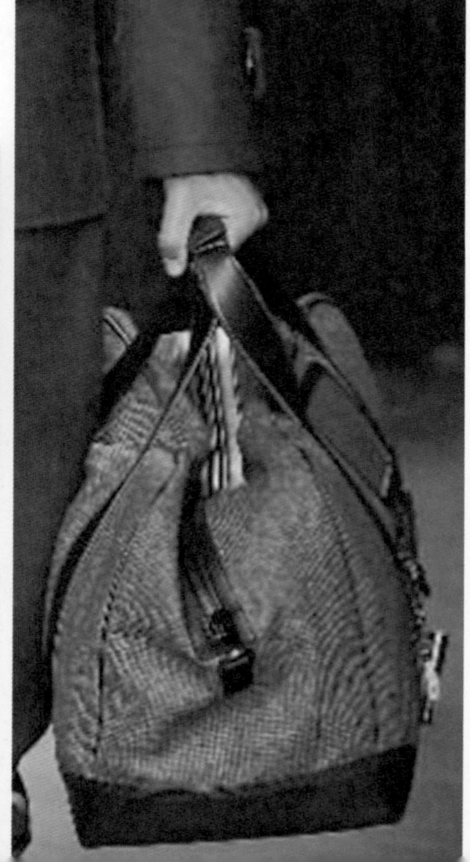

第2章 服饰配件技法表现的常用工具材料

课题名称：服饰配件技法表现的常见工具材料

课题内容：1. 纸张类型

2. 颜料类型

3. 画笔类型

4. 辅助工具

课题时数：2课时

教学目的：让学生了解服饰配件技法课程学习及作业训练所要的主要材料工具类型；了解相关纸张、颜料等的大体属性；了解可能用到的一些主要辅助性工具的基本用途和作用。

课题方法：结合实物进行讲解和说明。

教学要求：理论讲解并结合操作示范。

课前准备：备齐相关工具材料，结合教材及其他辅助书籍资料，进行适当预习和预练。

常言道“巧妇难为无米之炊”，任何技法表现都要借助于一定的工具材料才能实现。服饰配件的手绘技法表现通常要用到各种纸张、颜料、画笔以及一些辅助性工具材料，如剪刀、尺子等。

2.1 纸张类型

素描纸：不太常用的服饰配件表现技法用纸，其特点是纸质较粗而不够坚实，吸水性很强，便于铅笔、炭笔等工具表现，经不起擦改，吸水后容易变形（图2-1）。

水彩纸：吸水性较强，一般表面有较为明显的凹凸纹理，易渲染、耐擦洗，是一种较为多用的服饰品表现技法用纸（图2-2）。

水粉纸：较为常见的服饰配件表现技法用纸，其特点是纸质较粗，有一定的吸水性，便于颜料附着，但不便于表现细腻的物件（图2-3）。

牛皮纸：一种主要用木材、竹子等植物纤维制成的具有较强韧性的泛黄褐色的纸张，主要用于包装、印刷以及服装设计打板等用途，在服饰表现技法中也有人用之作为绘图纸张或装裱纸张（图2-4）。

图2-1　素描纸

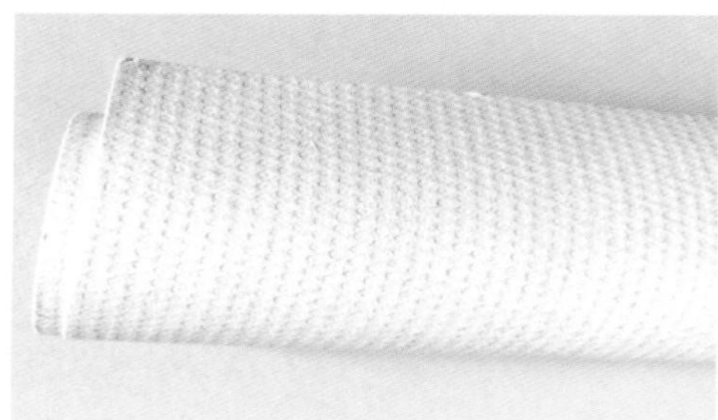

图2-2　水彩纸

图2-3　水粉纸

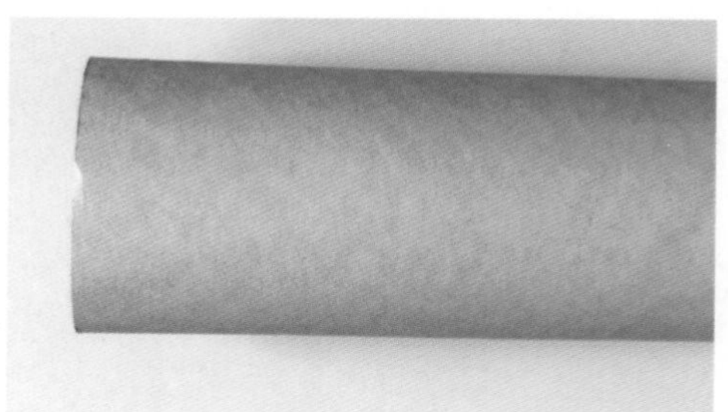

图2-4　牛皮纸

色卡纸：指黑卡、白卡、灰卡和各种色卡，纸质较硬，吸水性差、不易上色，多用于有色纸法等特殊技法表现或装裱用纸（图2-5）。

特种纸：顾名思义，该种纸张规格、厚薄、颜色等种类较多，纸张的肌理感较强，性能较丰富，适宜水粉厚涂、水彩肌理、剪切粘贴等多种材料工具及技法表现（图2-6）。

拷贝纸：纸质较薄和透明，多用来拷贝设计稿等。

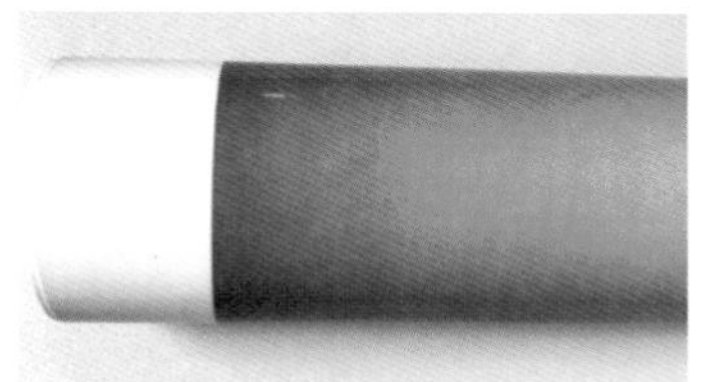

↙ 图2-5　色卡纸
↘ 图2-6　特种纸

2.2 颜料类型

水粉：也称宣传色、广告色，一般有锡管装、瓶装、塑料盒装等多种包装形式，通常锡管装的水粉颜料质地要细腻一些，而瓶装的要粗质和便宜点。现在的美术培训学员大都使用果冻盒装，颜色种类也比以前丰富得多。水粉颜色因覆盖力较强，所以可以多次修改，不足之处就是干湿反差明显，水粉着色湿时普遍深而鲜，干后明显变淡变浅（图2-7）。

水彩：包装形式基本上以锡管装为主，水彩颜料质地细腻，具有较强的透明、渗化及扩散性，色彩的覆盖力较弱，因此水彩上色不便于反复修改（图2-8）。

↙ 图2-7　水粉颜料
↘ 图2-8　水彩颜料

丙烯：一种可以用水进行调色的水溶性颜料，但干后会形成防水膜而变得坚硬和明显不溶于水，有较为强力的固着性，具有与油画颜料相似的特征。一般也有锡管装、瓶装、塑料盒装等多种包装形式（图2-9）。

透明水色：一种水液体状的水溶性着色颜料，一般为塑料瓶、管装，因沾染到手上时不易洗掉及其他性能等原因未被普遍使用（图2-10）。

↙ 图2-9　丙烯颜料

↘ 图2-10　透明水色

2.3 画笔类型

铅笔：有较明确的软硬区别，通常是用B、H来表示，B系列的数值越大代表越软，着色较深而线条软，反之H系列的数值越大代表越硬，上色较浅而线条较硬。HB软硬介于之间，多为起稿所用（图2-11）。

图2-11　铅笔

炭笔：有炭铅、炭精条、木炭条等多种规格形式，性质各不相同，炭笔比一般铅笔颜色浓重，笔触变化范围较大，较为适合表现素描法等服饰配件技法（图2-12）。

彩铅：一般分为油性彩铅和水溶性彩铅，颜色丰富，使用方法相近，其中水溶性彩铅能与水性颜料结合使用，在服饰配件表现中具有独特的表现力（图2-13）。

签字笔：一般用于服饰配件的结构造型表现，主要以黑色、蓝色和红色笔芯为多，一般有0.1mm、0.3mm、0.5mm、0.7mm、1.0mm等不同型号的笔芯，所画出的线条粗细不等。用签字笔绘制出饰品基本造型结构的线描稿后用水性颜料着色时，一般要等线迹笔墨完全干透以后再进行染色、着色，并且尽量不要反复次数太多，否则会导致签字笔的线迹明显渗化模糊而影响饰品的造型结构的清晰表现。

↗ 图2-12　炭笔
↘ 图2-13　彩铅

中性笔：中性笔一般用于办公写字，但也可用来绘制效果图。与签字笔性能相近，一般用于服饰配件的结构造型表现，能绘制出细腻的线条和饰物暗部的阴影，笔芯颜色主要以黑色、蓝色和红色等为多（图2-14）。

图2-14　中性笔

针管笔：一般可用于服饰配件的结构造型表现，一般有0.1mm、0.5mm、0.7mm、1.0mm等不同型号的笔芯，并配有专用的墨水。德国、日本生产的质量较为上乘，所画出的线条粗细不等。由于要配有专用墨水，否则会造成针管堵塞，所以较为麻烦，现在的学生较少使用（图2-15）。

马克笔：一般分为油性、水性和酒精性三种，多用于服饰配件的快速造型及色彩表现，马克笔有圆头、方头等不同型号并有单头和双头等区别，以德国、日本生产的马克笔色系较为丰富，所画出的线条、灰色层次明显。现在国产马克笔的质量也很好，种类很多，价格也比较合理（图2-16）。

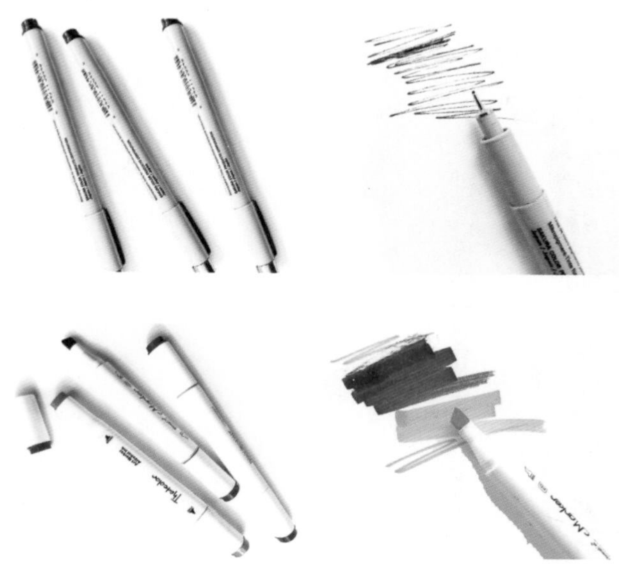

↗ 图2-15　针管笔
↘ 图2-16　马克笔

蜡笔：蜡笔是一种较为常见的绘图上色工具材料，通常笔触具有油性、颗粒感以及排水性等色彩特性，一般用来直接或辅助着色，蜡笔多以表现饰品的肌理质地并可与其他工具结合使用（图2-17）。

水粉笔：一种很常见的绘画上色工具，通常有扁方头和扇形笔头等造型，笔毛有动物毛、混合毛或纯尼龙化纤等多种，不同毛质弹性及吸水性不一样，笔触感也不相同（图2-18）。

水彩笔：一种很常见的绘画上色工具，通常有圆尖笔头和扁方头等造型，笔毛多为羊毛或混合毛等多种，不同笔毛的水彩笔吸水性及弹性不一样，笔触感也不相同，相对于水粉笔来说，水彩笔更加柔软，含水性能更好（图2-19）。

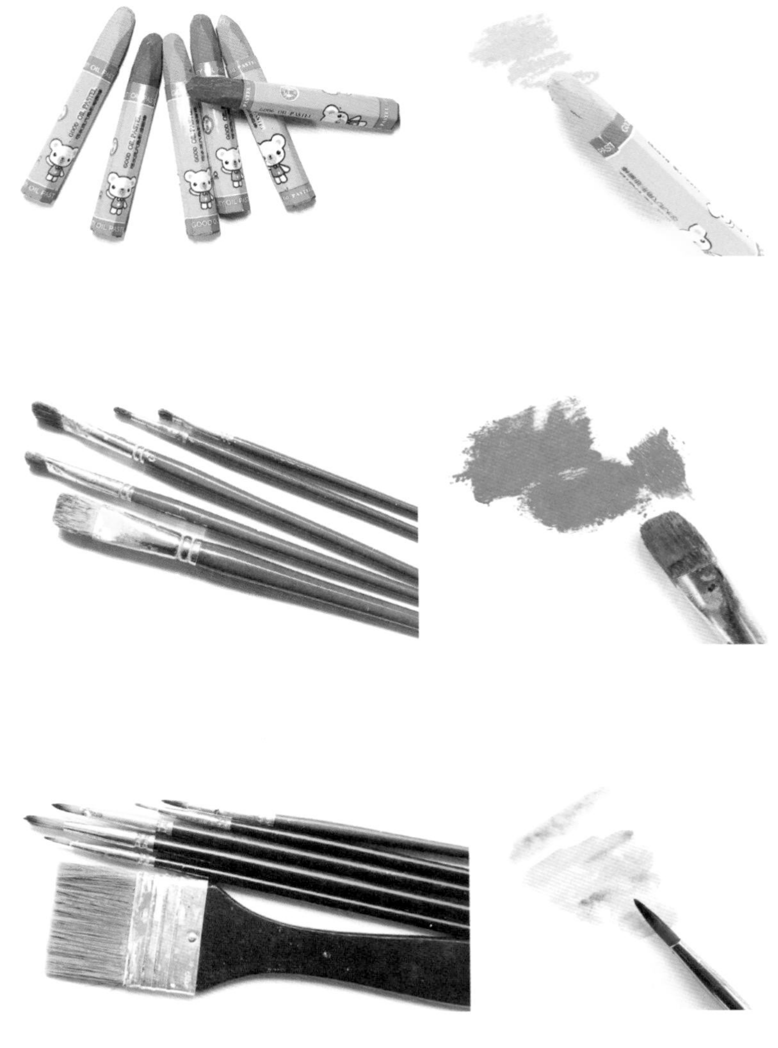

↗ 图2-17　蜡笔
→ 图2-18　水粉笔
↘ 图2-19　水彩笔

软毛笔：多指各种国画笔、书法笔等软毛笔头的绘制上色工具，笔头一般为尖头，笔毛纤维多种多样，大小型号不同，笔触线条丰富（图2-20）。

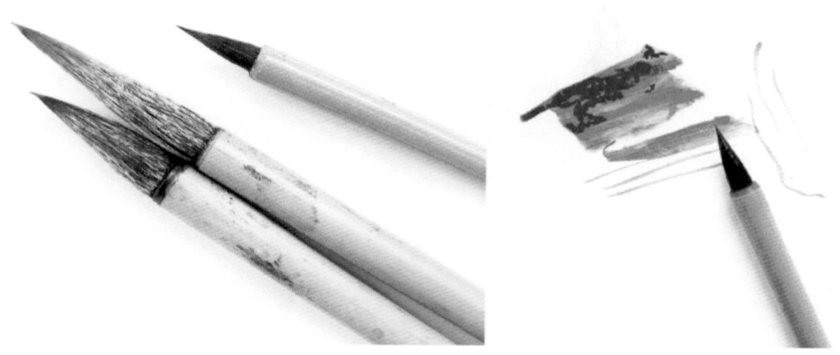

图2-20　软毛笔

2.4 辅助工具

橡皮：用于擦除铅笔线条等笔迹的绘图辅助工具。

尺子：用于绘图及测量等制图辅助工具。

小刀：用于削笔、裁纸等绘制效果图辅助工具。

调色盒：用于装盛颜料和辅助调色的盒状物。

调色盘：主要用于调色的盘状物。

第3章 服饰配件的常用表现技法与形式

课题名称：服饰配件的常用表现技法与形式

课题内容：1. 素描法表现

2. 彩铅法表现

3. 淡彩法表现

4. 水粉法表现

5. 蜡笔法表现

6. 马克笔法表现

课题时数：20课时

教学目的：让学生了解服饰配件技法中常见的一般技法类型；熟悉相关常用技法的主要风格特征；掌握相关常用技法的表现技巧。

课题方法：优秀表现案例分析讲解，实际作业训练辅导示范。

教学要求：理论讲解与实践训练相结合。

课前准备：备齐相关技法表现所需材料工具，结合教材及其他辅助书籍资料，进行适当的预习预练。

服饰配件种类繁多、造型材质多样，表现形式及技法同样十分丰富，大体可分划分为常用技法类和特殊技法类两大类型，当然一幅优秀的效果图表现往往是多种技法的结合运用。

3.1 素描法表现

素描是指运用单一色彩进行物体表现的方法，通常分为线、面两种主要形式。服饰配件表现技法中的线描法更多用于表现饰物结构、款式，而明暗块面法更多用于表现配饰物件的体积、质地等效果，如图3-1所示。

图3-1　素描法（线或线面结合）

温馨提示

在灰色的卡纸上运用单色水性颜料进行运动鞋的效果表现，特别是鞋身、鞋底的立体凹凸造型的设计表现，这也是一种广义的素描法，如图3-2所示。

图3-2 素描法（水性颜料的单色明暗表现）

3.2 彩铅法表现

彩色铅笔是一种带颜色的铅笔，彩铅法是一种较为基础的材料技法形式。由于受彩色铅笔颜色“深而不深、亮而不亮”特性的局限，彩色铅笔表现饰品的色彩与材质特征有限，有些地方要借助其他材料工具及技法技巧，以便更加充分地呈现和表达。彩铅通常有水性和油性之分，如图3-3所示。

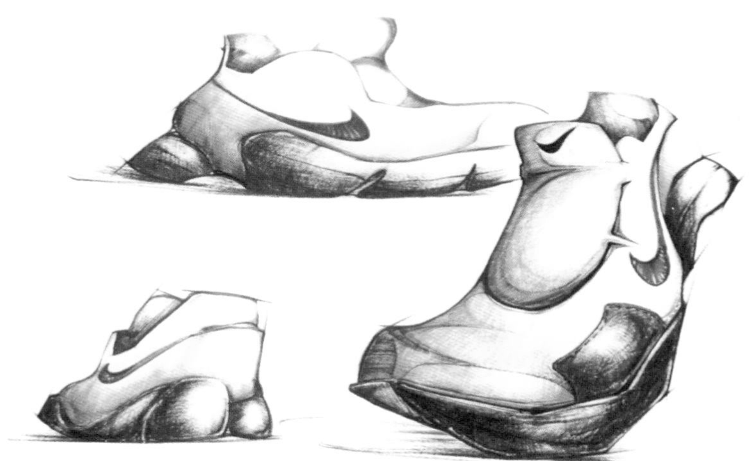

图3-3 鞋的彩铅法表现（水性彩铅）

3.3 淡彩法表现

淡彩法一般分为铅笔淡彩和钢笔淡彩两种形式。淡彩法也是一种较为基础的工具材料技法形式，通常是指用水彩、水粉、透明水色或国画颜料等水性颜料在铅笔或钢笔线稿上进行着色的饰品效果图表现。钢笔淡彩的钢笔线稿一般要等钢笔线迹墨水干透后再着色，否则易致线迹渗化，如图3-4～图3-9所示。

↗ 图3-4　淡彩法（铅笔淡彩）

↘ 图3-5　淡彩法（铅笔淡彩）

↗ 图3-6　淡彩法（钢笔淡彩）
↘ 图3-7　淡彩法（铅笔淡彩）

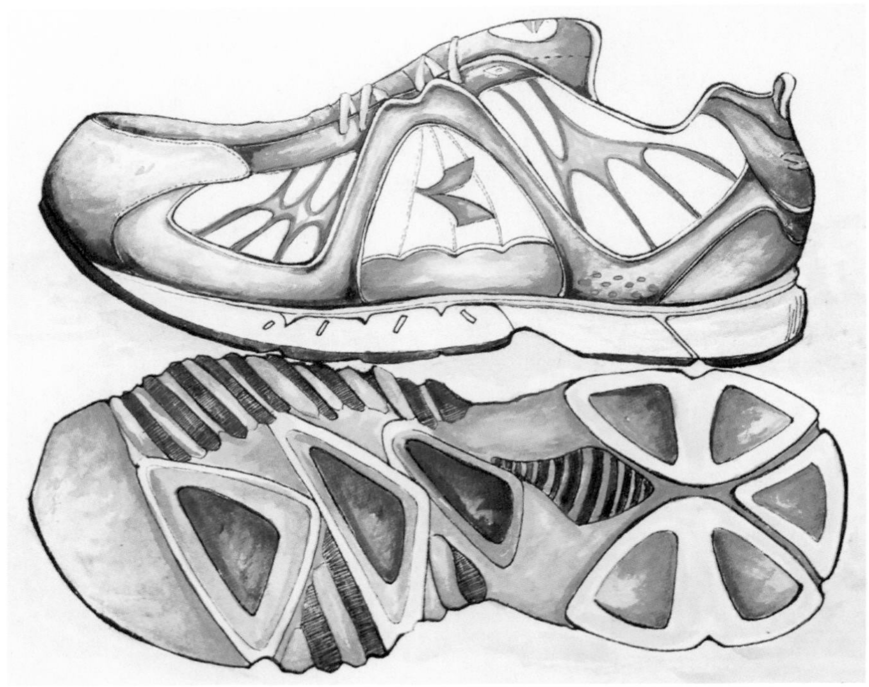

↗ 图3-8　水彩法
（学生：杨芮）
↘ 图3-9　水彩法
（学生：杨芮）

3.4 水粉法表现

水粉法一般分为水粉厚画法和水粉薄画法两种形式。水粉厚画法一般要求绘图者水粉造型基础能力较强，水粉技法运用较娴熟方能得心应手。水粉薄画法的表现形式与技巧近似水彩法，但由于水粉颜料相对于水彩颜料来说颗粒较粗，晕染渗透性相对来说要差一些，如图3-10～图3-13所示。

↗ 图3-10　水粉法（薄画）
↘ 图3-11　水粉法（厚画）

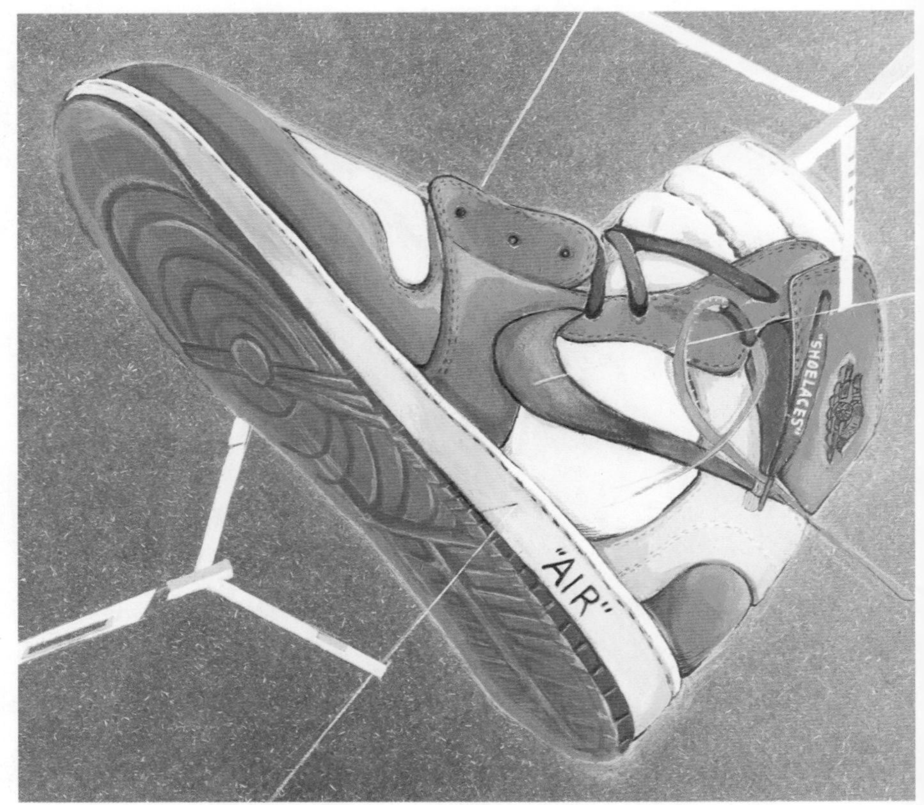

↗ 图3-12　水粉法（薄画）

↘ 图3-13　水粉法（适中）

3.5 蜡笔法表现

蜡笔法也是一种较为基础的工具材料技法形式，通常是利用蜡笔的油蜡颗粒感以及排水性等色彩特性，直接或间接着色表现一些特殊材质肌理的配饰物品。同样，由于蜡笔的颜色深浅有限，通常用蜡笔表现饰品的色彩与材质特征时，有些地方要借助其他材料工具及技法技巧（图3-14~图3-16）。

↗ 图3-14　蜡笔法（学生：张舒宇）
↘ 图3-15　蜡笔法（学生：杨芮）

图3-16　蜡笔法（学生：张舒宇）

温馨提示

蜡笔法适合质地较为粗糙的饰品物件的表现，适合用一些纹理明显的、质地较厚的纸张，缺点是较难画得细腻，细节刻画较为不易。

3.6 马克笔法表现

马克笔法一般用于服饰配件的快速造型及色彩表现，常见的马克笔有圆头、方头等不同型号并有单头和双头等区别。马克笔法较为适合绘制一些体面较大及转折明显的服饰配件，如鞋靴、箱包等，如图3-17～图3-36所示。

图3-17　马克笔法（学生：蔡莹洁）

↗ 图3-18　马克笔法
（学生：孔天玉）
↘ 图3-19　马克笔法
（学生：何明燕）

↗ 图3-20　马克笔法（学生：胡志杰）
↘ 图3-21　马克笔法（学生：胡志杰）

↗ 图3-22　马克笔法
（学生：危晓琦）
↘ 图3-23　马克笔法
（学生：杨芮）

↗ 图3-24　马克笔法
（学生：曾晋萧）
↘ 图3-25　马克笔法
（学生：杨芮）

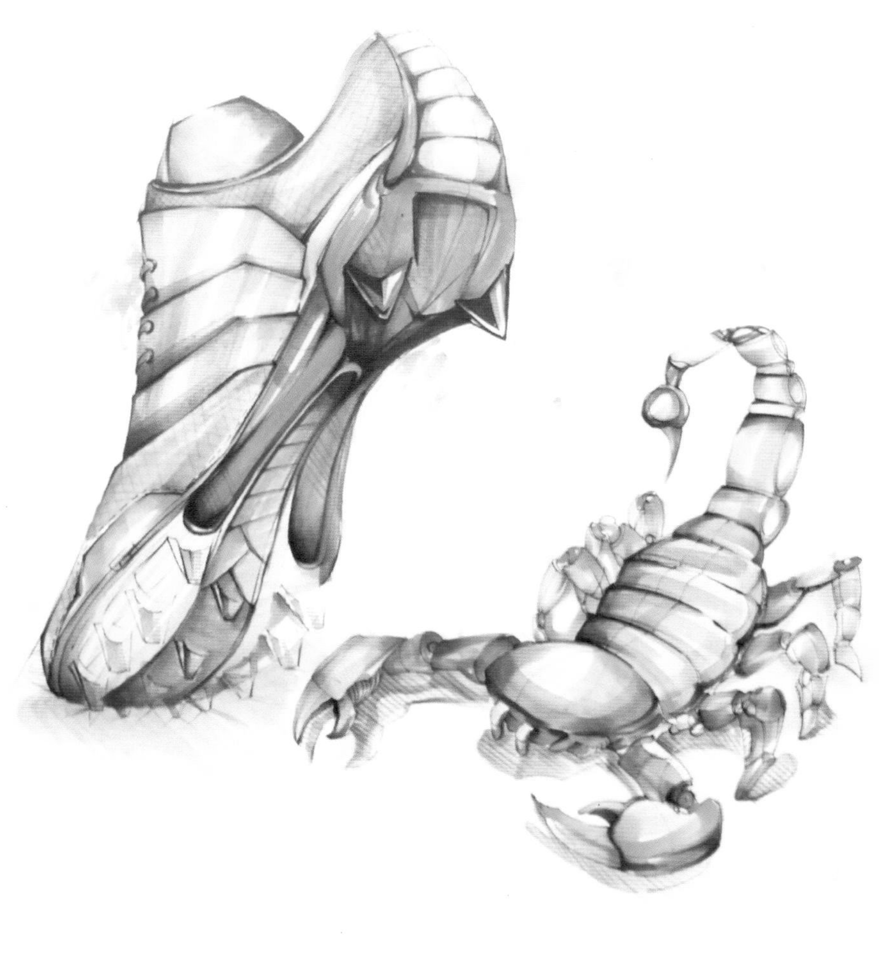

↗ 图3-26　马克笔法
（学生：危晓琦）
↘ 图3-27　马克笔法
（学生：危晓琦）

↗ 图3-28　马克笔法（学生：莫楠）
↘ 图3-29　马克笔法（学生：张佳宁）

↗ 图3-30　马克笔法（学生：胡雨萌）

↘ 图3-31　马克笔法（学生：刘亚宁）

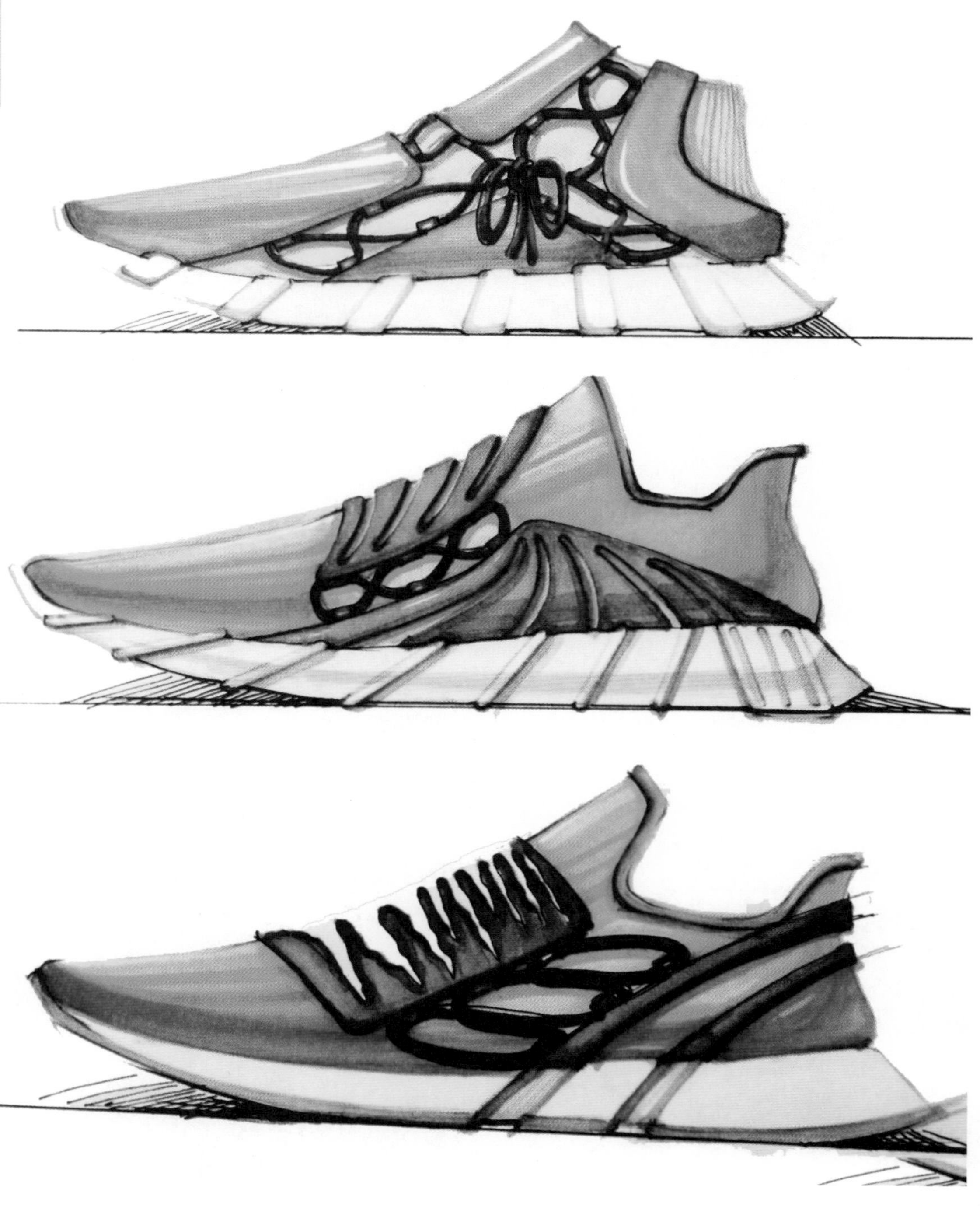

图3-32　马克笔法（学生：丁佳丽）

图3-33　马克笔法（学生：周路远）

图3-34　马克笔法（学生：韦森）

图3-35　马克笔法（学生：林小平）

图3-36　水性马克笔法

第4章 服饰配件的特殊表现技法与形式

课题名称：服饰配件的特殊表现技法与形式

课题内容：1. 剪贴法表现

2. 色纸法表现

3. 综合法表现

课题时数：8课时

教学目的：让学生了解服饰配件技法中常见的特殊技法类型；熟悉相关特殊技法的主要风格特征；掌握相关特殊技法的表现技巧。

课题方法：优秀表现案例分析讲解，实际作业训练辅导示范。

教学要求：理论讲解与实践训练相结合。

课前准备：备齐相关技法表现所需材料工具，结合教材及其他辅助书籍资料，进行适当的预习预练。

4.1 剪贴法表现

相对于前面所提到的主要是以笔墨颜料等工具材料来表现饰物的技法形式来说，剪贴法一般是指利用剪刀、美工刀或直接手撕等形式，有选择地寻找一些纸张、面料、塑料材质甚至树叶树皮等特殊材料来进行粘贴，以此表达设计创意的一种效果表现技法形式，如图4-1、图4-2所示。

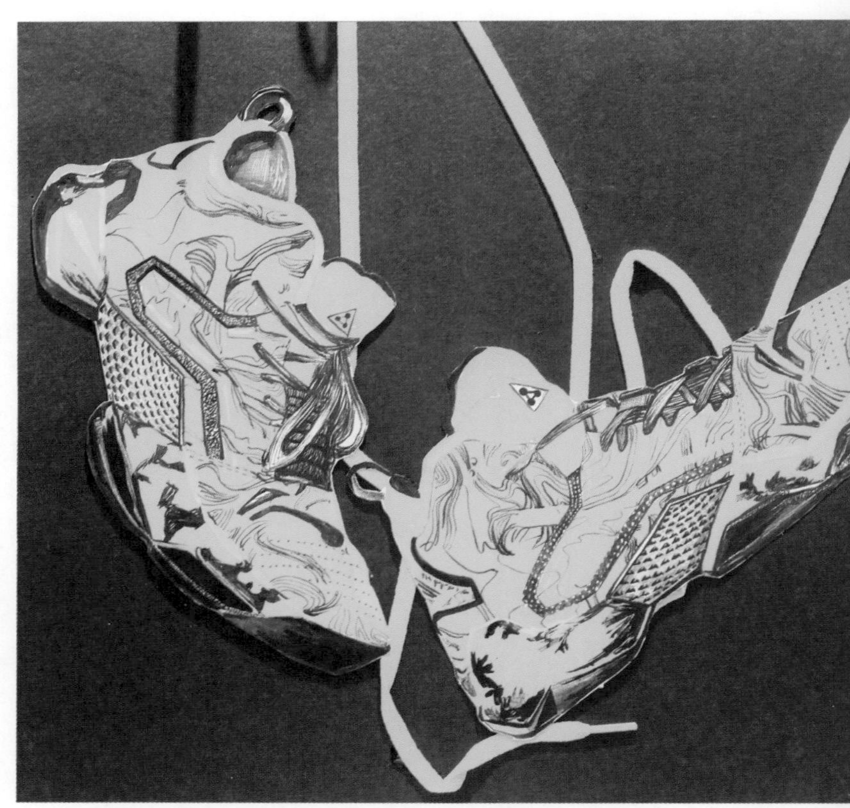

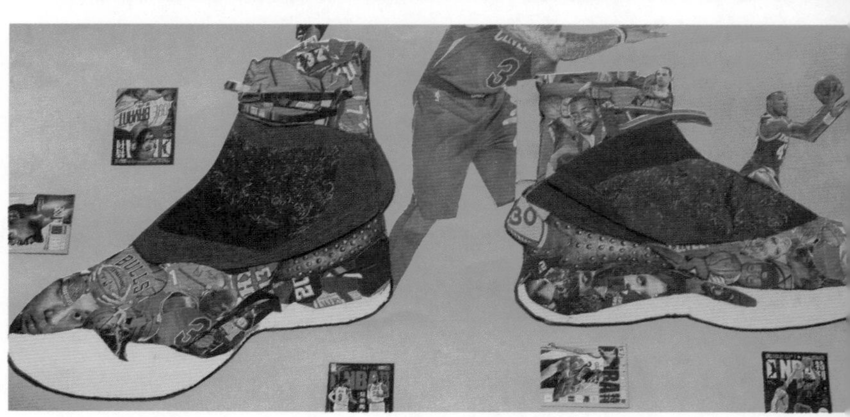

↗ 图4-1　剪贴法（学生：黄凯琳）
↘ 图4-2　剪贴法（学生：严庆辉）

4.2 色纸法表现

色纸法一般是指有效利用各种有色纸的色彩和肌理，贴合表现饰物的色彩、肌理和材质感觉的设计创意技法形式。可以自制底色，反提亮部和高光，加深暗部和投影等，有效利用纸张的大面积底色来作为所画物件的主体中间色进行效果表现，如图4-3～图4-10所示。

↗ 图4-3　有色纸法（学生：许宇廷）

↘ 图4-4　有色纸法（学生：黄凯琳）

↗ 图4-5　有色纸法
（学生：刘婕）

↘ 图4-6　有色纸法
（学生：杨礼章）

↗ 图4-7　有色纸法
（学生：廖妍）
↘ 图4-8　有色纸法
（学生：严庆辉）

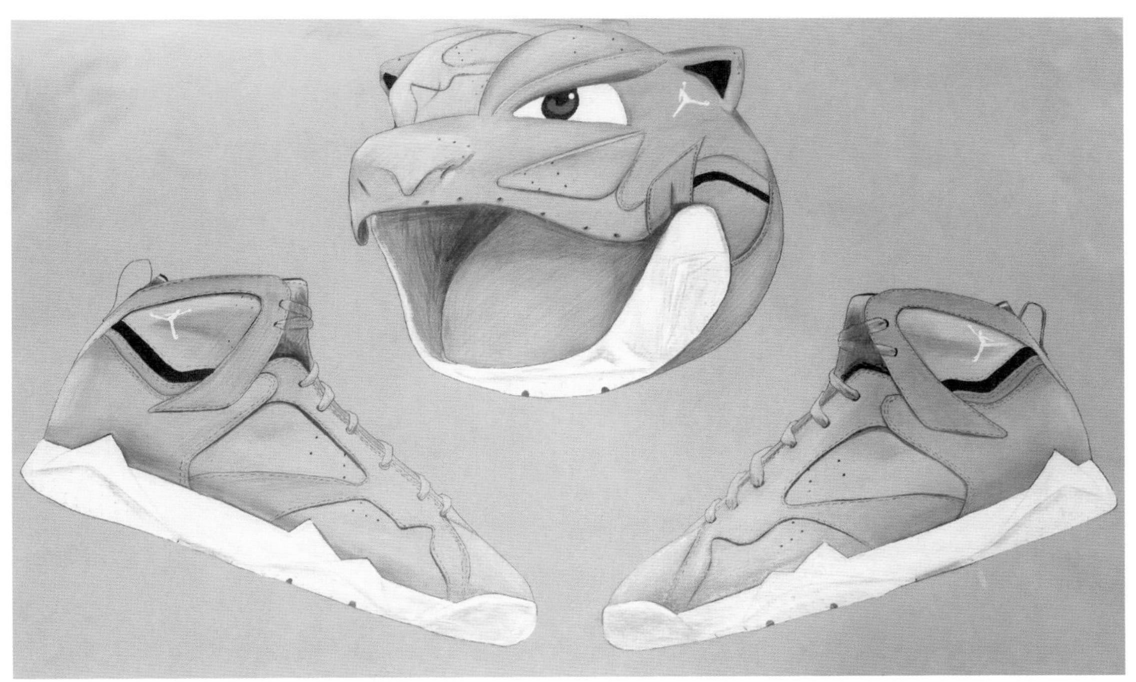

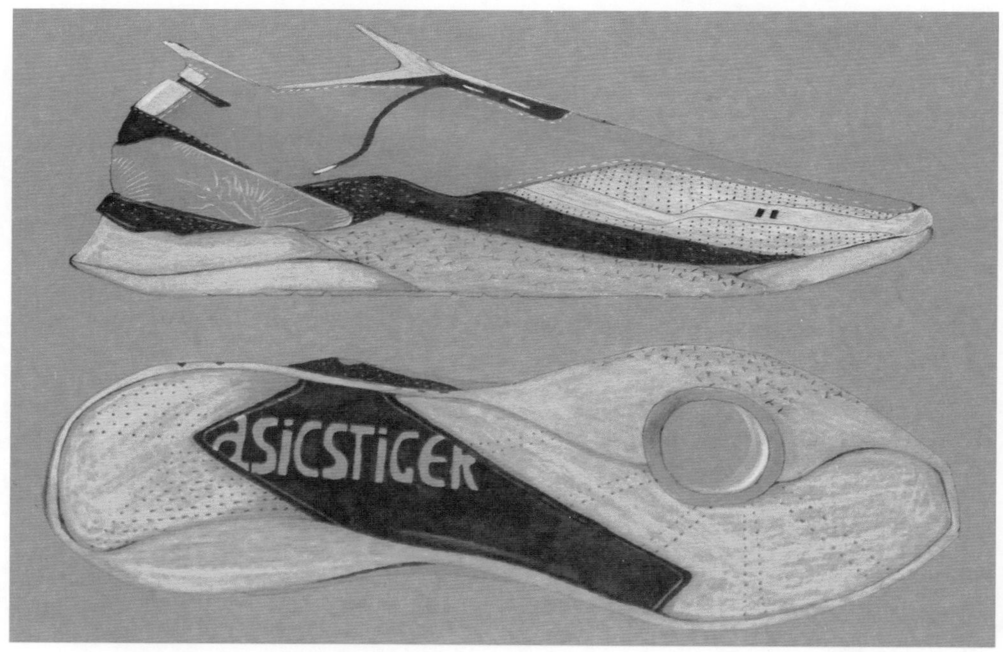

↗ 图4-9　有色纸法（学生：周丽群）
↘ 图4-10　有色纸法（学生：周子谦）

4.3 综合法表现

顾名思义，综合法是指多种技法形式的结合使用的效果表现形式。由于每种单一技法形式都有一定的局限性，为了能更加有效和丰富地表现饰品物件，通常在效果表现时会运用多种技法加以结合，当然一般都是以一种技法为主，其他技法辅助来呈现，如图4-11～图4-16所示。

图4-11　综合法（学生：曾晋溓）

↗ 图4-12　综合法（学生：王雪芳）

↘ 图4-13　综合法（学生：刘志杰）

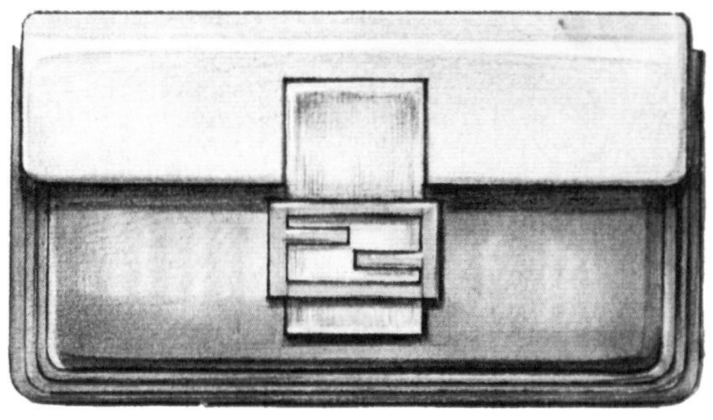

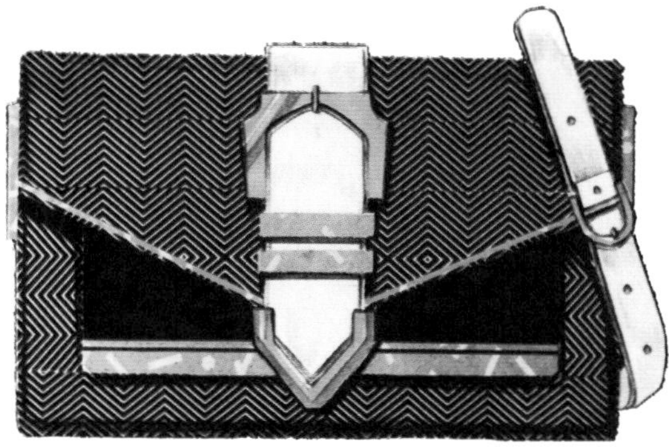

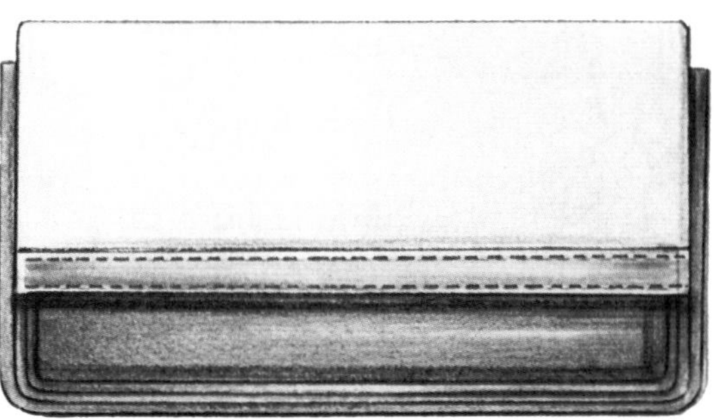

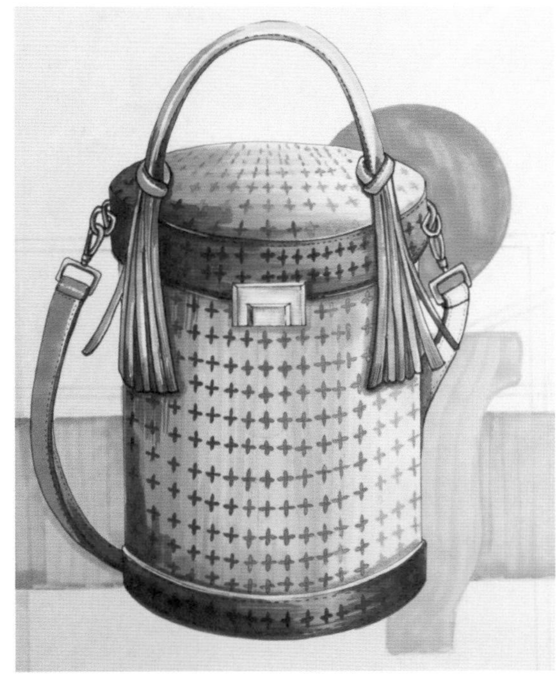

↗ 图4-14　综合法（学生：朱孝卉）
↘ 图4-15　综合法（学生：杨芮）

图4-16　综合法（学生：叶炜）

温馨提示

较早时期前还有一种喷绘法表现，是一种借助喷枪、气泵或其他工具进行喷色绘图的技法形式，由于工具材料较为复杂麻烦，现在较少使用。

注：本章中的图例主要是作者指导的服装与服饰设计专业本科学生的部分课程作业。

第5章 服饰配件的电脑辅助表现形式

课题名称：服饰配件的电脑辅助表现形式

课题内容：1. Photoshop 软件表现

2. Adobe Illustrator 软件表现

3. Painter 软件表现

4. CorelDRAW 软件表现

课题时数：16课时

教学目的：让学生了解服饰配件技法中常用的计算机软件辅助表现形式；熟悉相关电脑绘图软件的大体方法；掌握相关电脑软件的基本绘图流程。

课题方法：优秀表现案例分析讲解，实际作业训练辅导示范。

教学要求：理论讲解与实践训练相结合。

课前准备：结合个人条件进行相关软件学习、培训，熟悉相关电脑绘图软件操作。

随着人类科技的不断发展进步，计算机技术广泛运用于人们的生产生活，各种电脑软件更加便利和加快了我们的工作效率，服装服饰设计与表现也不例外，现有多种软件可以用于辅助表现服装服饰设计表现效果，如常见的位图软件有Photoshop、Painter，矢量图软件CorelDRAW、Illustrator等。

电脑软件绘制表现服饰效果的步骤与一些手绘表现技法步骤大体相似，基本上也是先绘制出所要表现的饰品的造型结构线稿，然后用软件的相关绘图工具填充或描绘饰品的大体色块和明暗关系，最后进行局部调整和细节刻画，以便描绘和表现出其结构比例、块面体积、颜色感觉、材质肌理等基本信息，基本步骤及效果示范如图5-1～图5-7所示。

第1步 描绘出饰品的造型草图。即用铅笔以线描为主绘制出所要表现的饰物的结构造型、比例关系及大体的前后虚实关系，也可简明扼要地描绘出饰物的大体明暗关系以辅助表现饰物的基本造型。

图5-1 第1步

第2步 绘制出饰品的电子线稿。即将描绘出的饰品线稿草图扫描或拍照成电子稿，然后运用软件工具将所描绘的饰物造型结构和相关细节进一步描绘清楚，较详细地表现出饰物的结构造型、体积关系和虚实变化以便为接下来的上色做准备。

图5-2 第2步

第3步 绘制出饰品的主要色块。即分区选择上色区域，运用上色工具，大体以“先主后次，先大后小”的绘制顺序逐步给饰品进行大色块填色，绘制出饰品的大体色彩感觉和色彩关系。

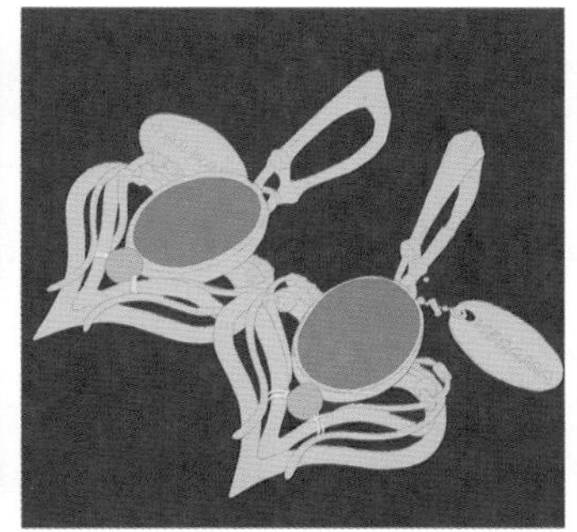

图5-3 第3步

第4步 绘制出饰品的体积关系。即进一步描绘出饰品的基本体积感，其中包括饰品的整体体积感和饰品不同部件局部的体积感，同时注意协调局部与整体的关系。

图5-4 第4步

第5步 描绘出饰品的基本材质。即通过不同的色泽和笔触效果，基本描绘出饰物不同部件的材质感觉，运用高光及反光来体现不同质感。

图5-5 第5步

第6步 调整和刻画饰品的细节。即整体调整饰物与背景的关系、饰物的前后关系以及细节关系，完成饰品整体绘制。

图5-6 第6步

图5-7 最终效果（学生：曾志民）

5.1 Photoshop软件表现

Photoshop简称“PS”，是由Adobe公司开发和发行的图像处理软件，Photoshop主要处理以像素所构成的数字图像。使用其绘图工具与众多的编修功能，可以有效地进行效果图表现与图片编辑工作。Photoshop现在版本也比较多，主要有Photoshop7.0、PhotoshopCS3等。图5-8～图5-11为Photoshop软件表现效果。

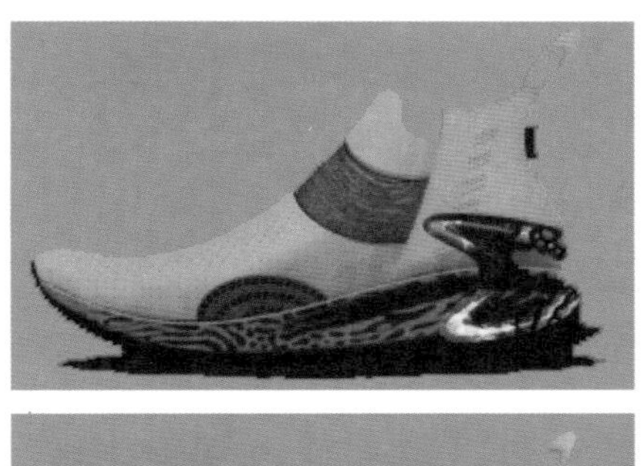

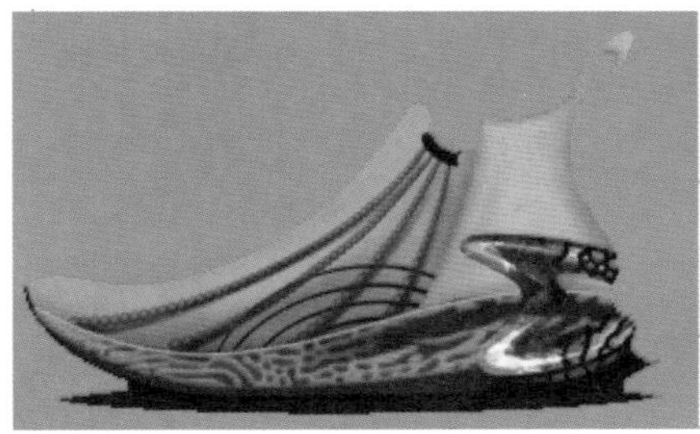

↗ 图5-8　Photoshop软件表现效果

↘ 图5-9　Photoshop软件表现效果

↗ 图5-10 Photoshop软件表现效果

↘ 图5-11 Photoshop软件表现效果

5.2 Adobe Illustrator软件表现

Adobe Illustrator，简称“AI”，是一款运用十分广泛和方便的设计绘图软件，尽管AI是一款矢量图软件，但它因具有强大的绘图功能和人性化的用户界面而深受年轻人的喜爱。图5-12～图5-24为Illustrator软件表现效果。

图5-12 Illustrator软件表现效果（学生：刘灵艺）

图5-13 Illustrator软件表现效果（学生：刘灵艺）

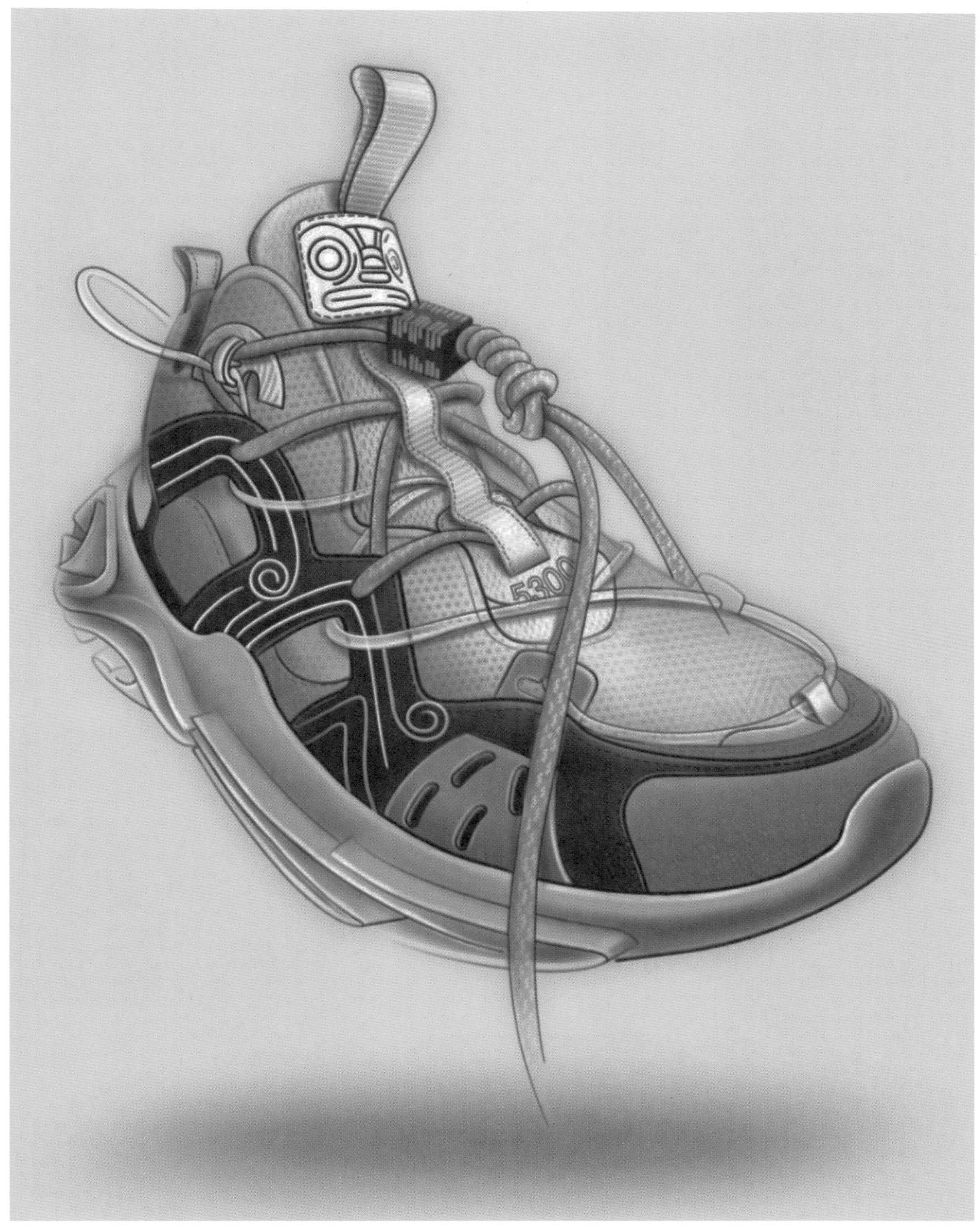

图5-14　Illustrator软件表现效果（学生：何明燕）

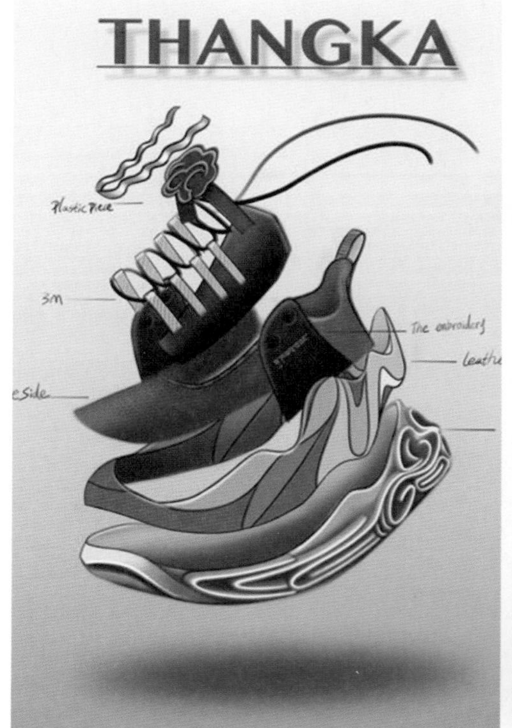

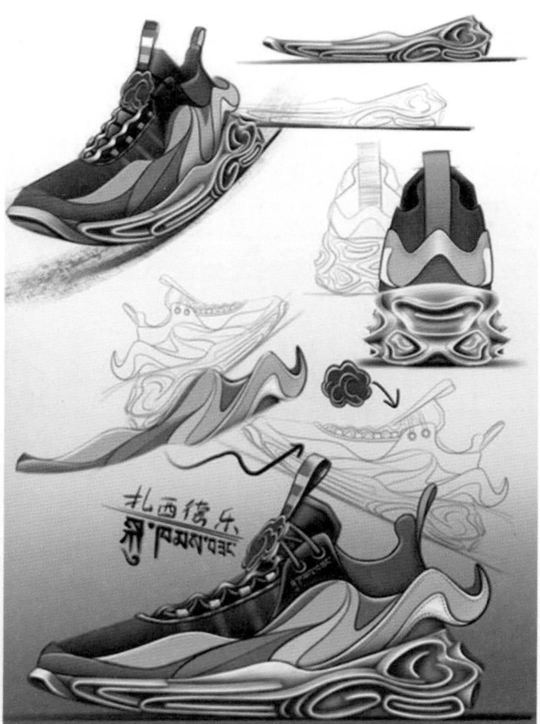

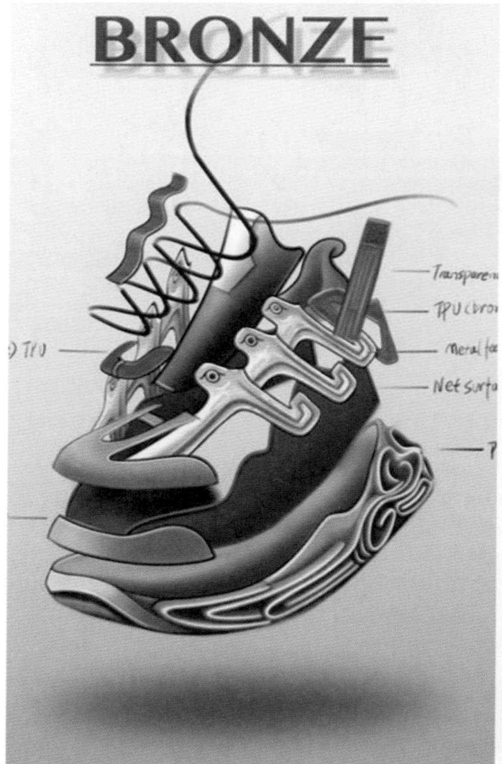

图5-15　Illustrator软件表现效果（学生：何明燕）

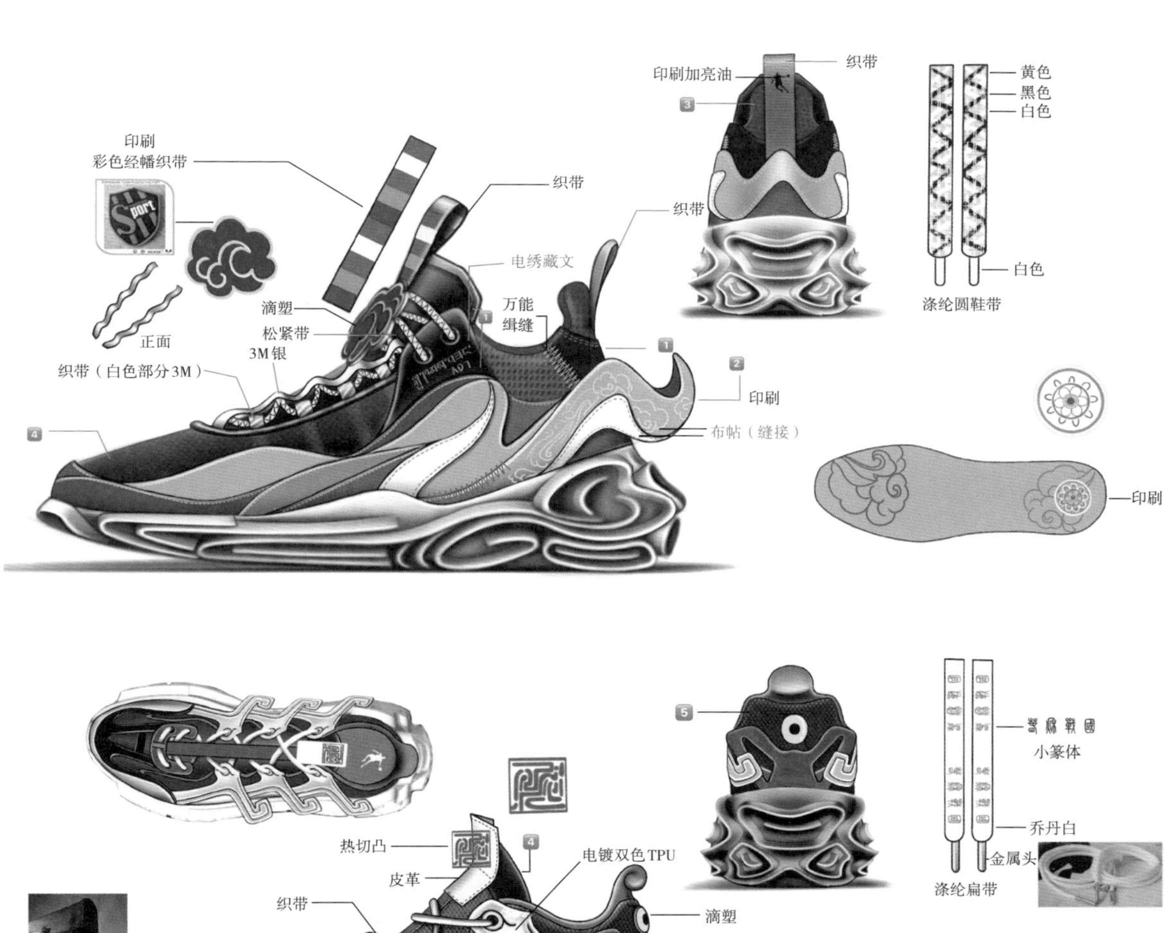

图5-16 Illustrator软件表现效果（学生：何明燕）

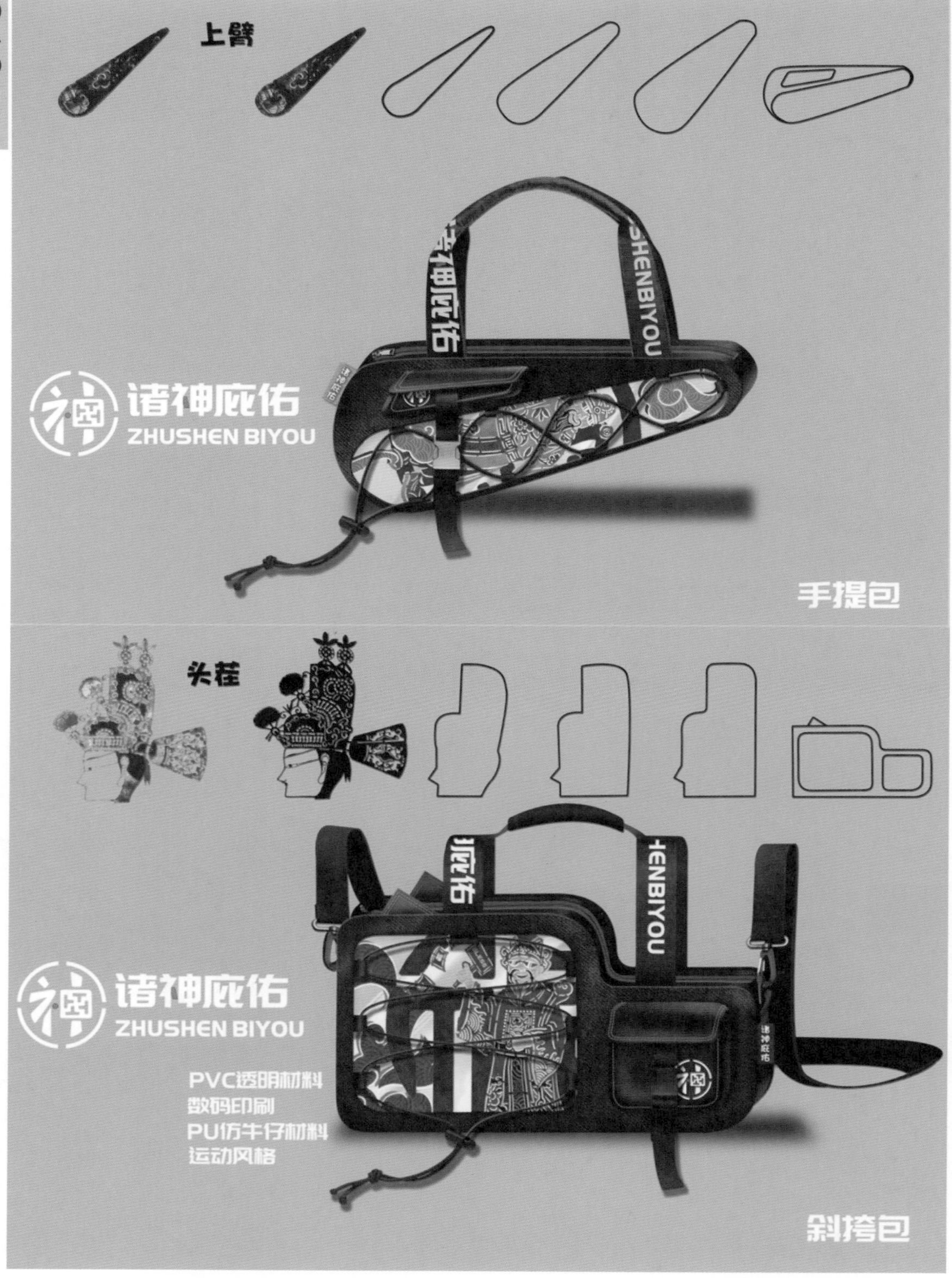

图5-17　Illustrator软件表现效果（学生：刘灵艺）

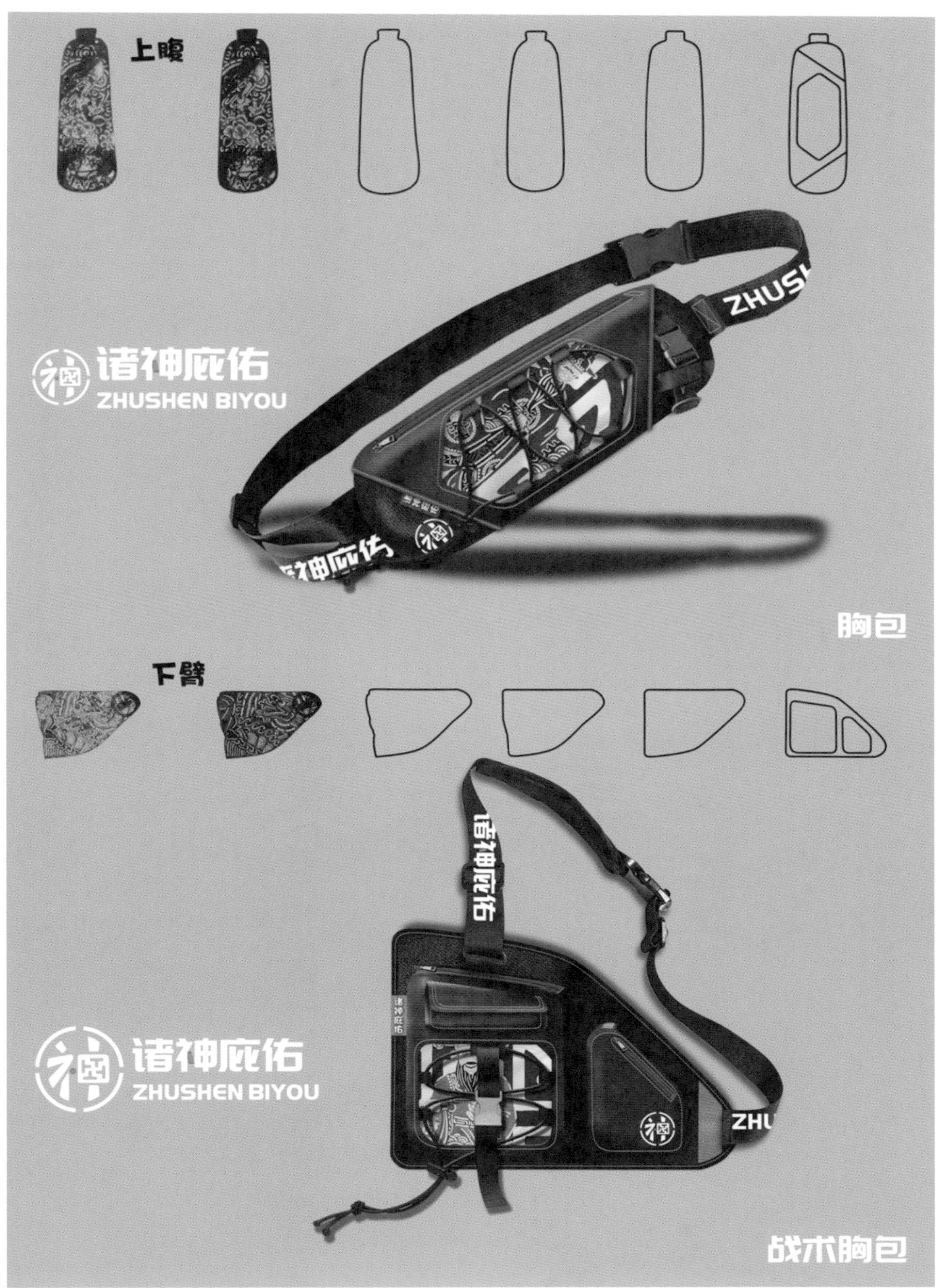

图5-18 Illustrator软件表现效果（学生：刘灵艺）

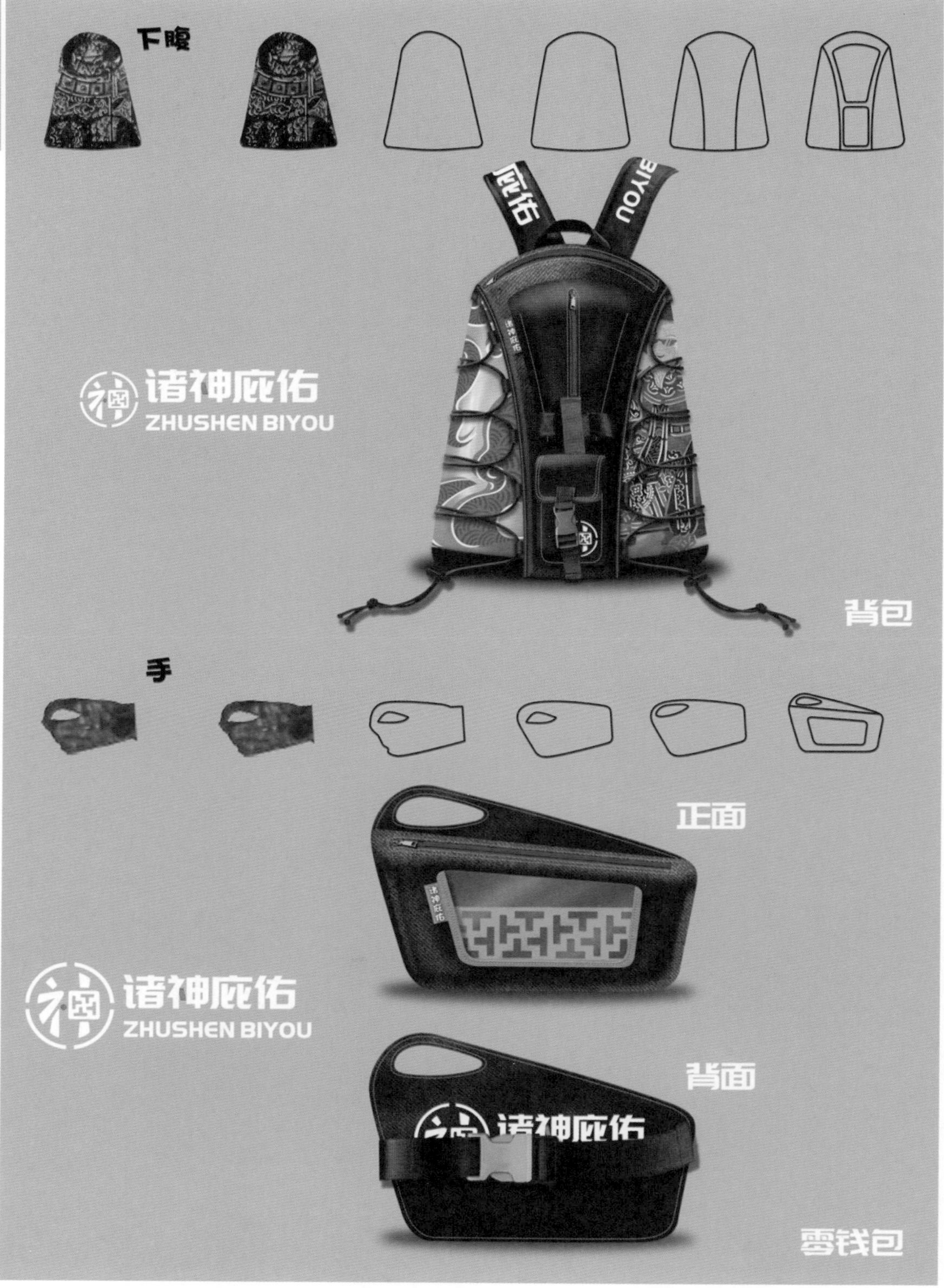

图5-19　Illustrator软件表现效果（学生：刘灵艺）

图5-20 Illustrator软件表现效果（学生：刘灵艺）

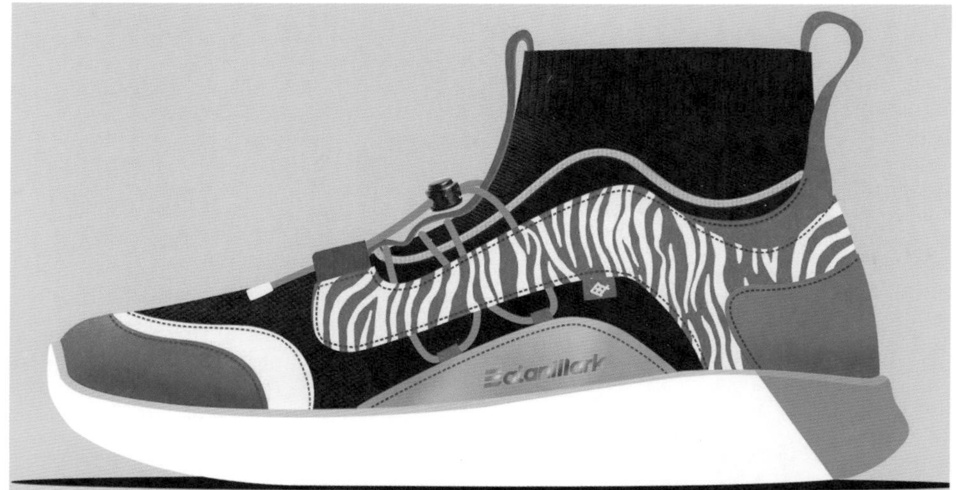

图5-21　Illustrator软件表现效果（学生：孙梦迪）

图5-22　Illustrator软件表现效果（学生：黄凯琳）

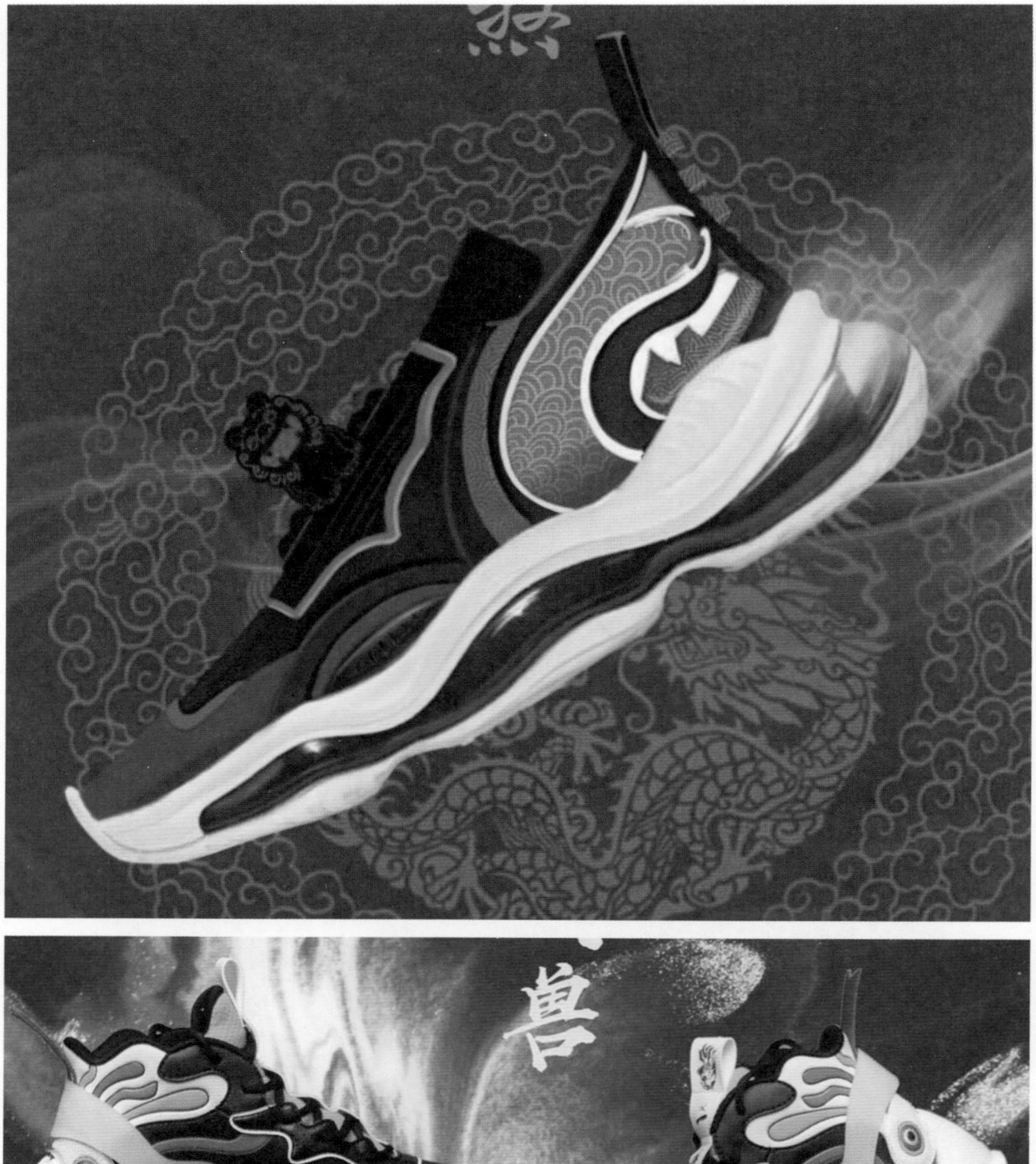

图5-23 Illustrator软件表现效果（学生：黄凯琳）

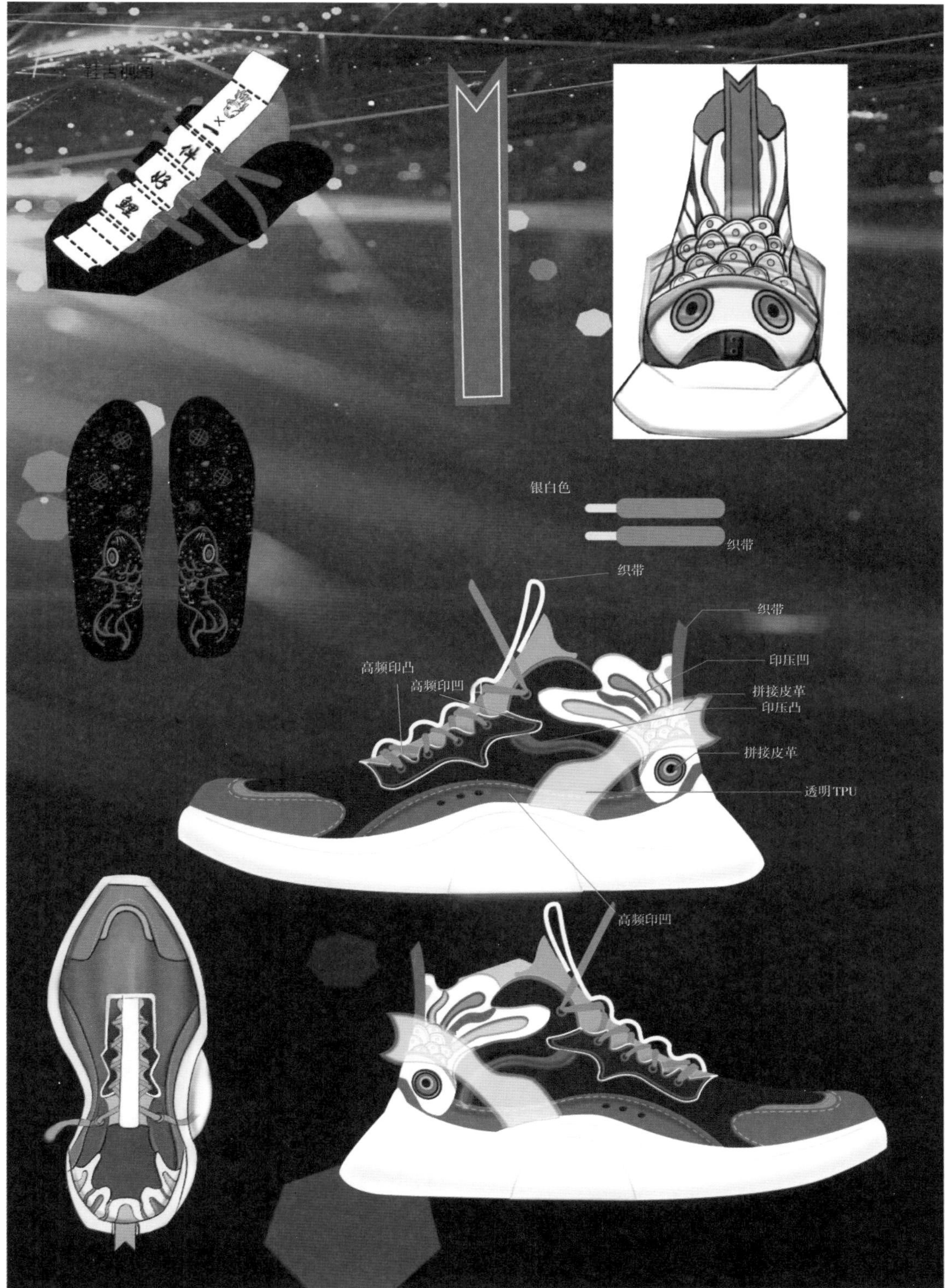

图5-24 Illustrator软件表现效果（学生：黄凯琳）

5.3 Painter软件表现

被誉为“绘画专家”“绘画大师”的Painter是一个基于点阵的绘画软件。大量的模拟现实绘画的笔刷工具是其软件的最大特色，它可以让用户在短时间内获得最大的创作成果。对于创作绘画作品、时装画效果图及其他平面设计作品来说，Painter软件无疑是一款杰出的创作表现软件。图5-25～图5-29为Painter软件表现效果。

↗ 图5-25　Painter软件表现效果

↘ 图5-26　Painter软件表现效果

图5-27　Painter软件表现效果

图5-28　Painter软件表现效果

图5-29　Painter软件表现效果

5.4 CorelDRAW软件表现

CorelDRAW是一款通用且强大的矢量图形设计软件，使用CorelDRAW能够按照位图图像的轮廓进行描摹、填色，同时能在描摹的过程中选择移除背景颜色，从而将位图转换为可以完全编辑且随意缩放的矢量图形，如图5-30所示。

图5-30　CorelDRAW软件表现效果

注：本章图例主要是一些本科生的课程作业及研究生刘灵艺和本科生何明燕、黄凯琳等几位同学的毕业设计，指导老师：童友军、卢建军。

第6章 服饰配件的款式结构表现

课题名称：服饰配件的款式结构表现

课题内容：1. 款式图表现

2. 三视图表现

3. 细节图表现

4. 尺寸图表现

课题时数：8课时

教学目的：让学生了解服饰配件的款式结构表现的主要形式；熟悉相关服饰配件的结构款式图表现的方法；掌握相关服饰配件款式结构表现技巧。

课题方法：优秀表现案例分析讲解，实际作业训练辅导示范。

教学要求：理论讲解与实践训练相结合。

课前准备：结合教材及其他辅助资料，进行适当的预习预练。

6.1 款式图表现

款式图一般是为表达物件款式造型、结构细节及各部位加工要求而绘制的造型平面图，通常是不着颜色的单墨线稿，要求各部位间比例恰当，造型结构表达准确，工艺特征具体，大体效果和要素如图6-1、图6-2所示。

图6-1　包的款式结构图

图6-2　首饰的款式结构图

6.2 三视图表现

三视图一般是为表达和展示物件不同角度的设计效果及细节特征的效果图或结构图，通常为正面、背面及侧面或顶面等几个主要角度，如图6-3～图6-7所示。

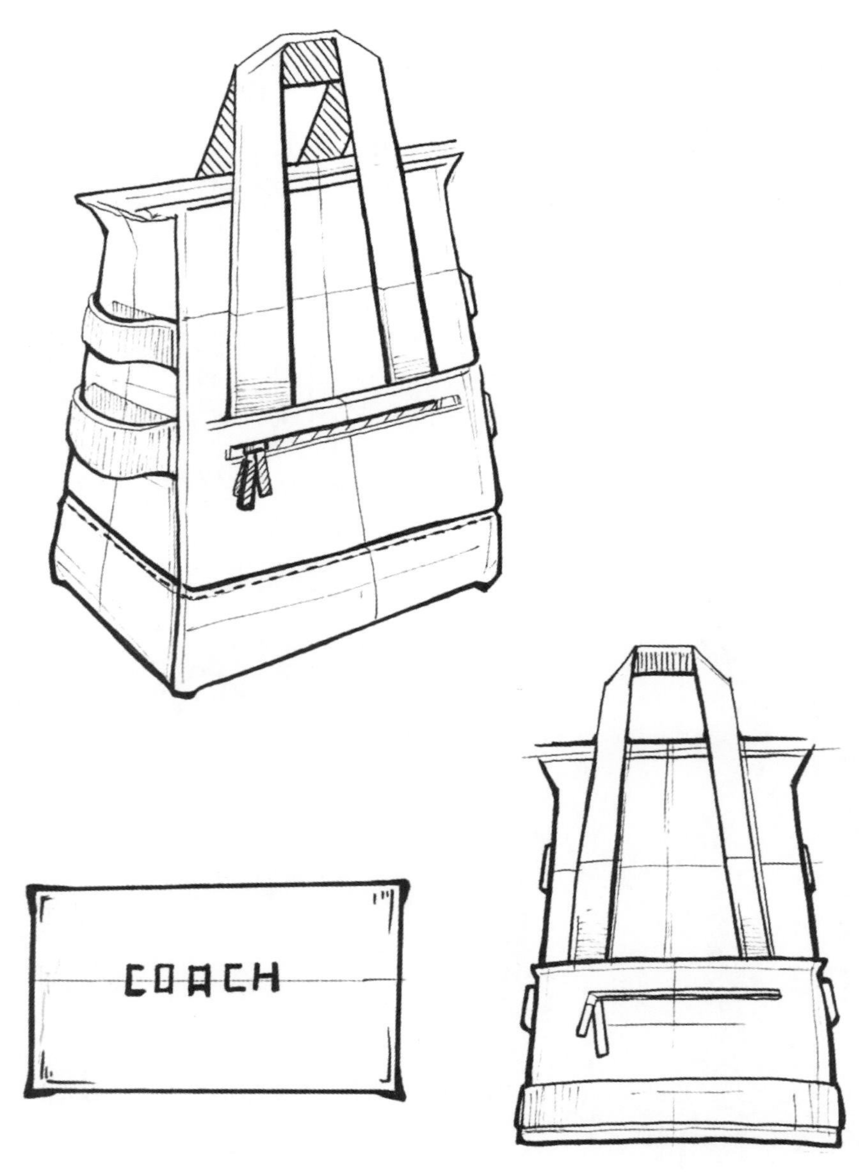

图6-3　包的三视图黑白表现效果（手绘表现）

图6-4　包的三视图彩色表现效果（手绘表现）

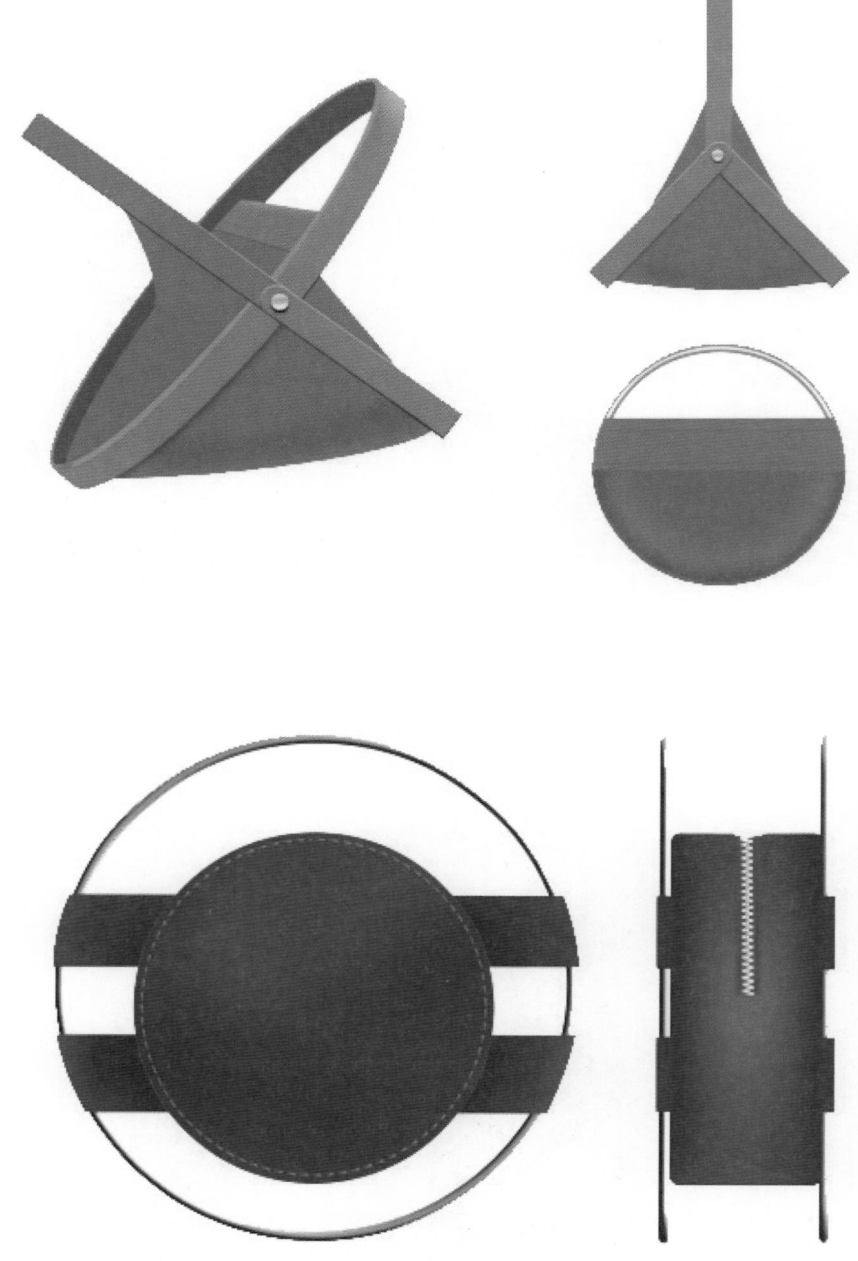

图6-5　包的三视图表现效果（电脑表现）

图6-6　鞋的三视图黑白表现效果（手绘表现）

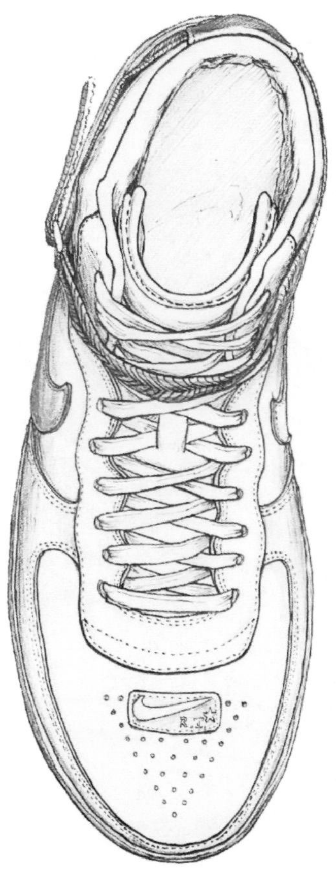

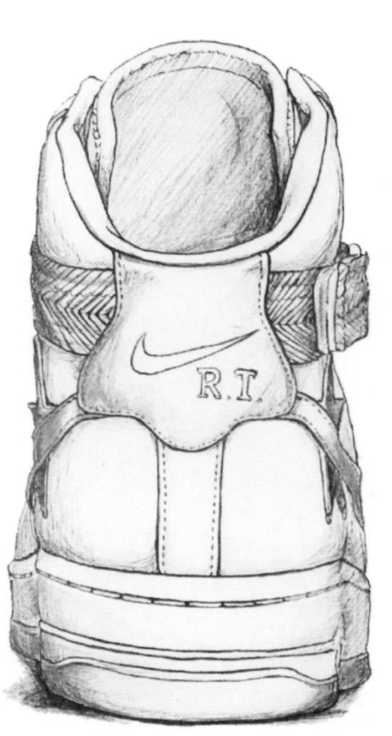

图6-7　鞋的三视图彩铅表现效果

6.3 细节图表现

细节图一般是为表达和展示物件设计重点或局部细节设计效果的效果图或结构图，通常以放大特写等形式呈现，如图6-8～图6-16所示。

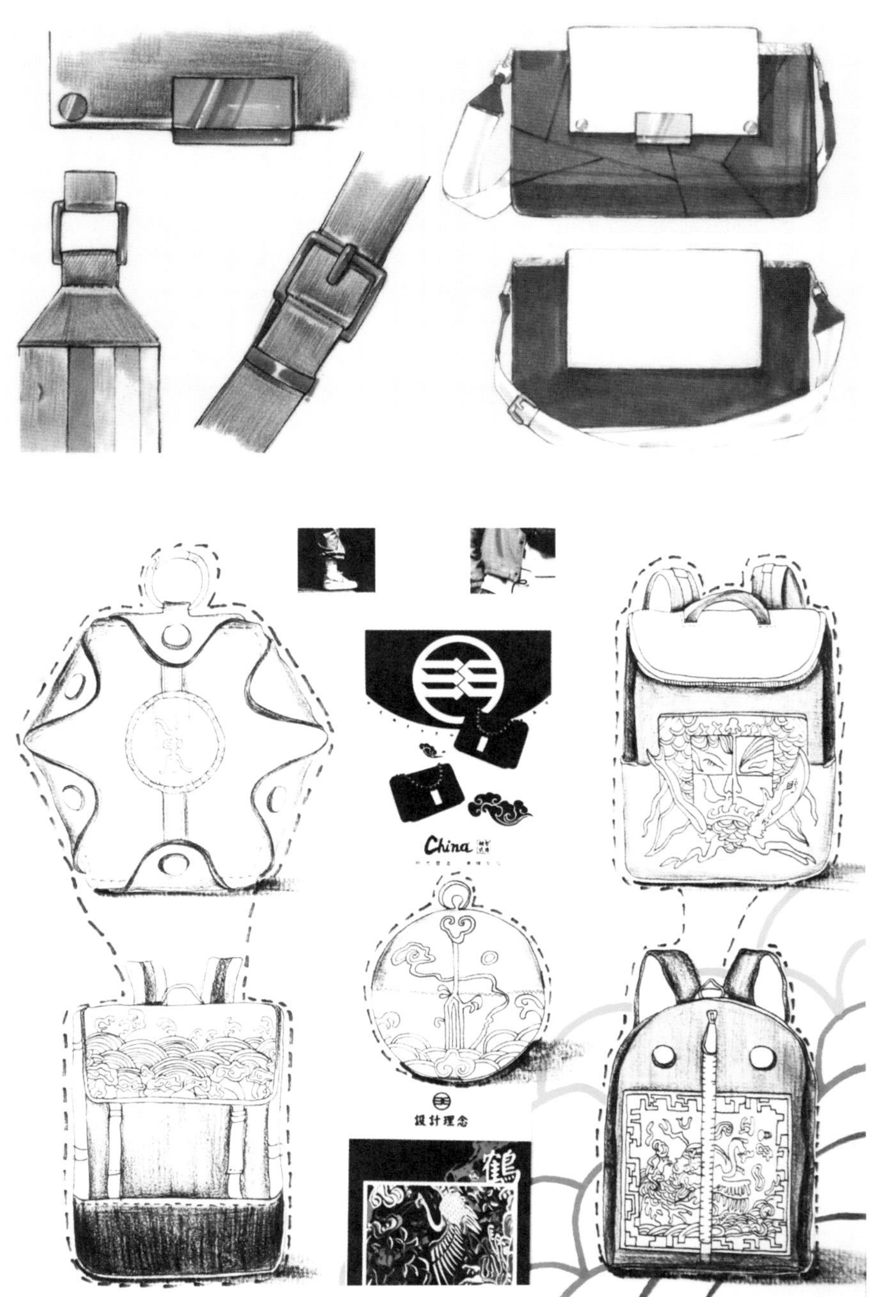

↗ 图6-8　包的金属配件细节手绘效果表现

↘ 图6-9　包的图案细节手绘效果表现

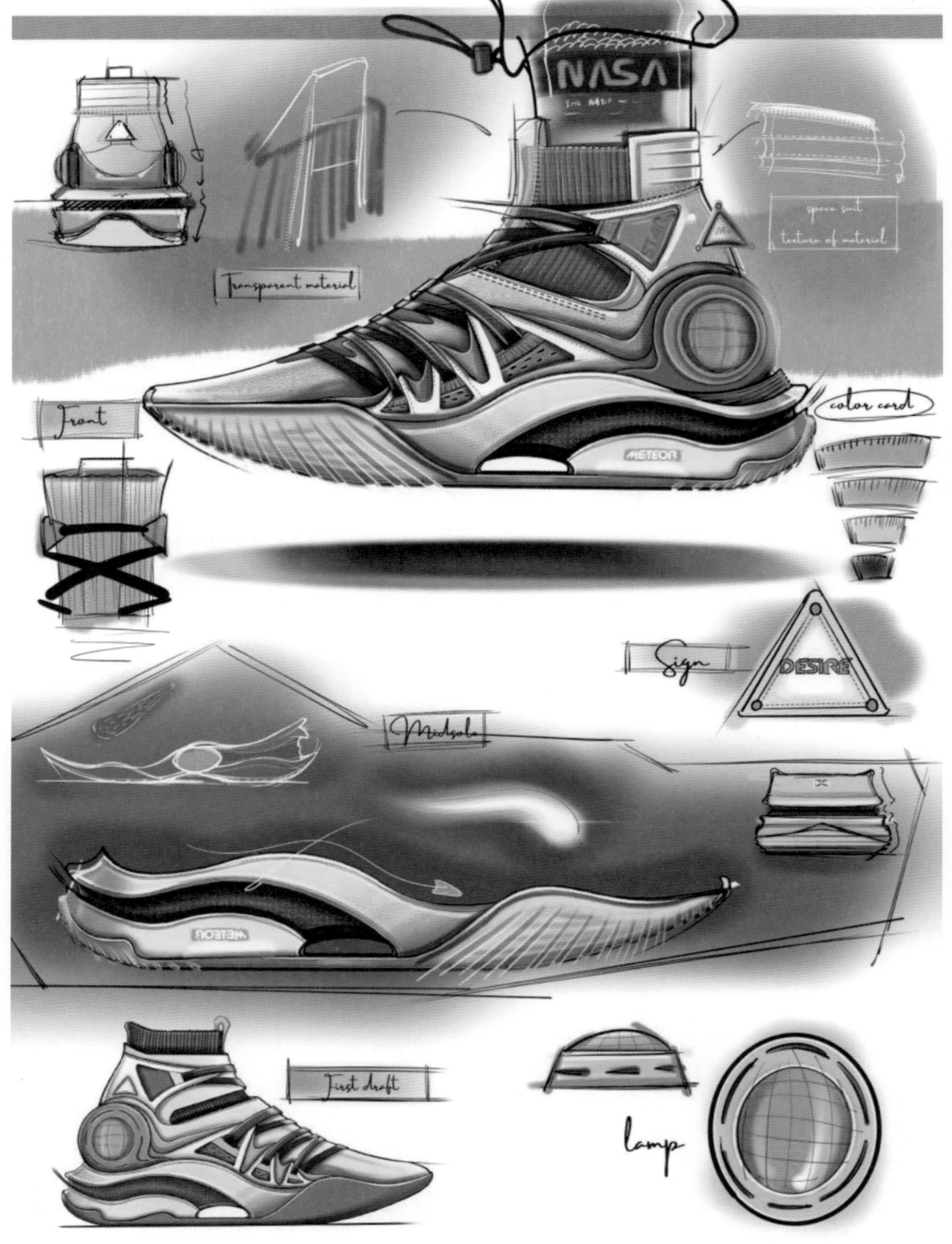

图6-10　鞋的细节设计电脑绘制效果表现（学生：许字廷　指导老师：童友军）

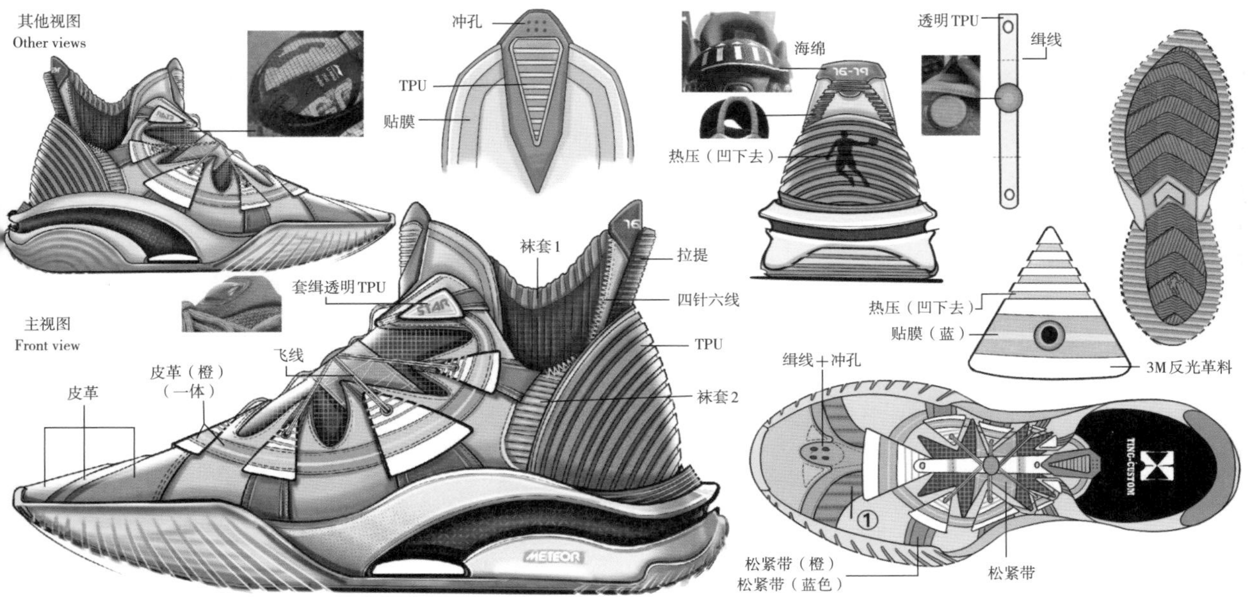

图6-11 鞋的细节工艺电脑效果表现（学生：许字廷 指导老师：童友军）

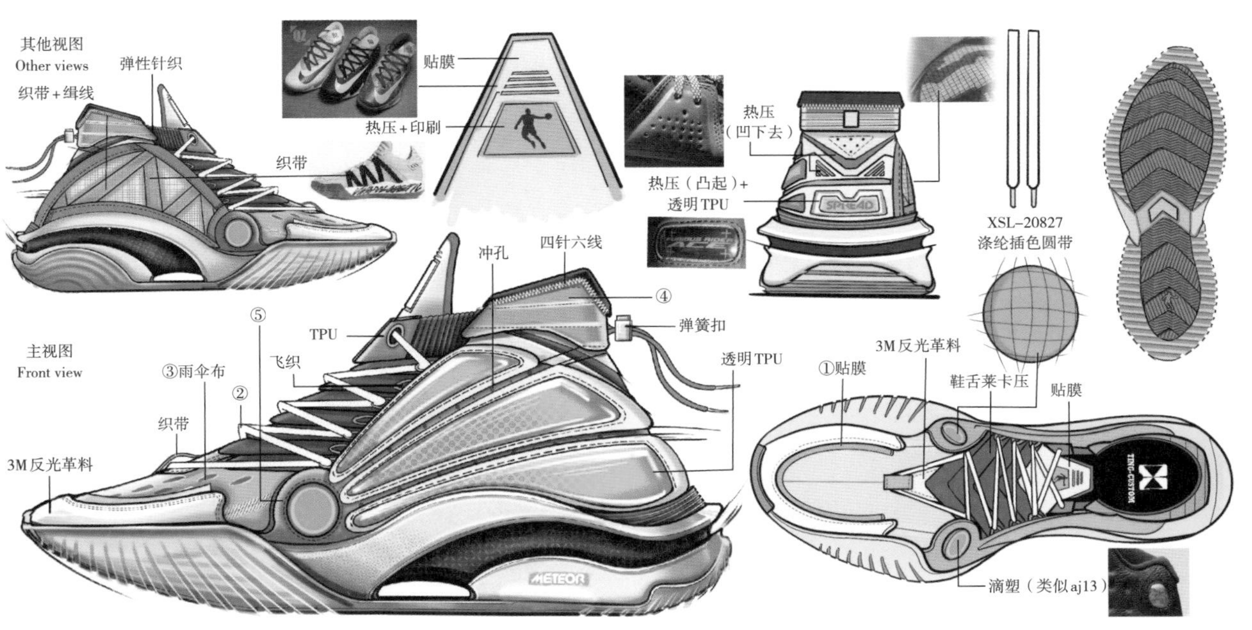

图6-12 鞋底细节工艺电脑效果表现（学生：许字廷 指导老师：童友军）

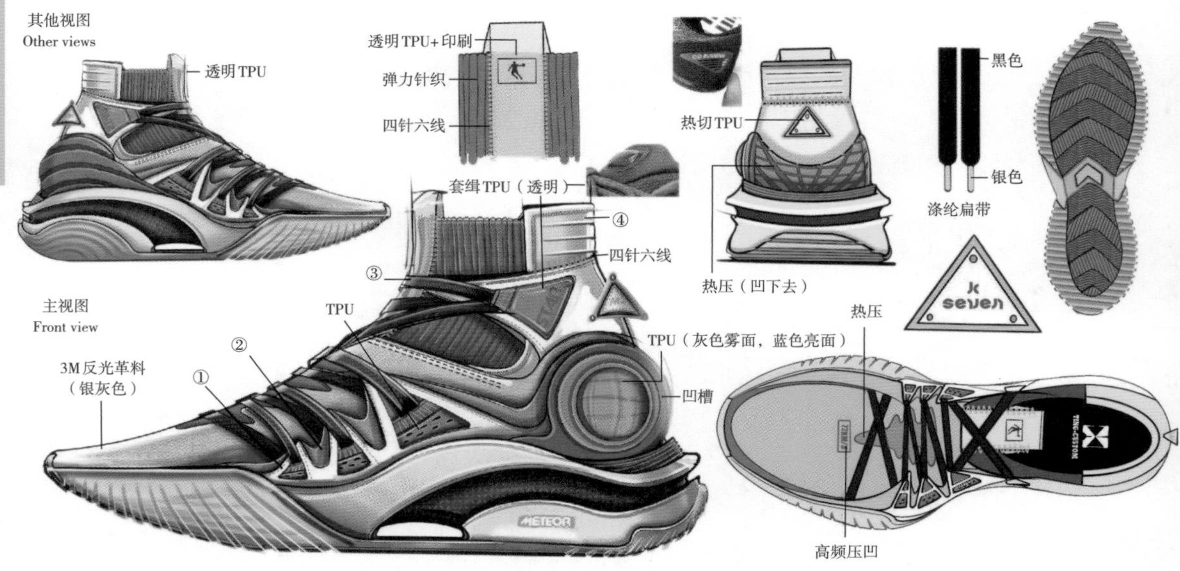

图6-13 鞋底细节工艺电脑效果表现（学生：许字廷 指导老师：童友军）

外侧

鞋头橡胶字体凸起

侧墙橡胶字体凸起

后跟橡胶字体凹下去

内侧

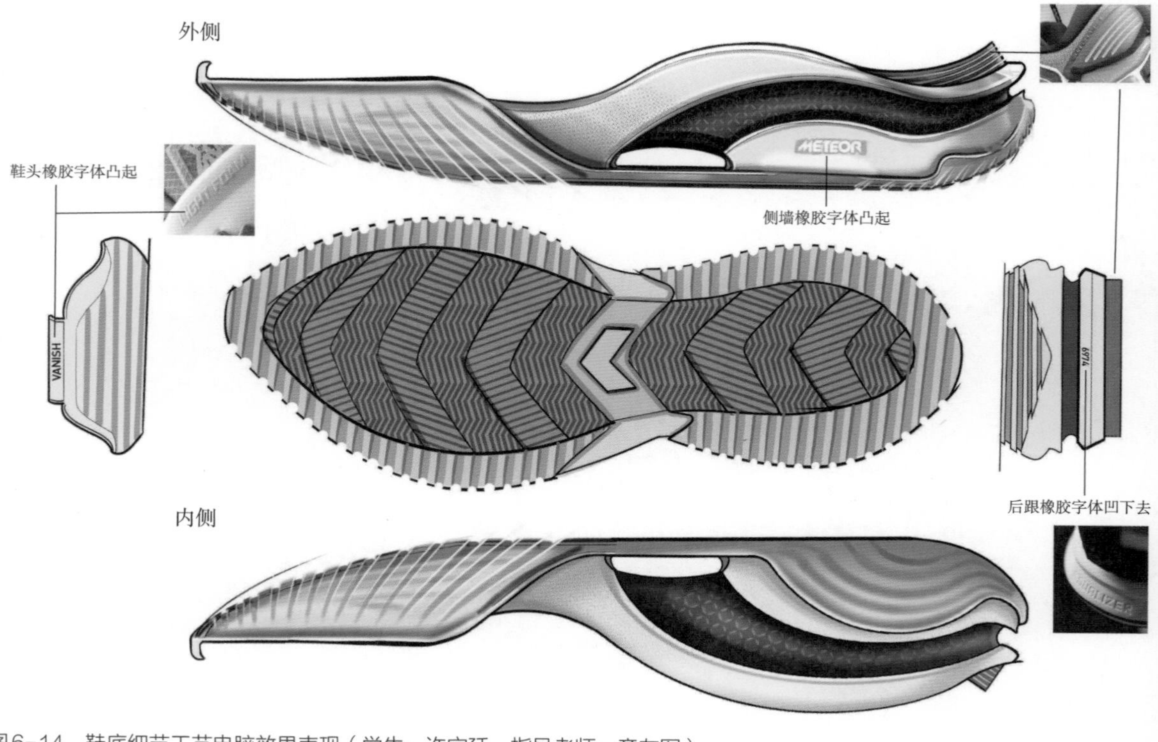

图6-14 鞋底细节工艺电脑效果表现（学生：许字廷 指导老师：童友军）

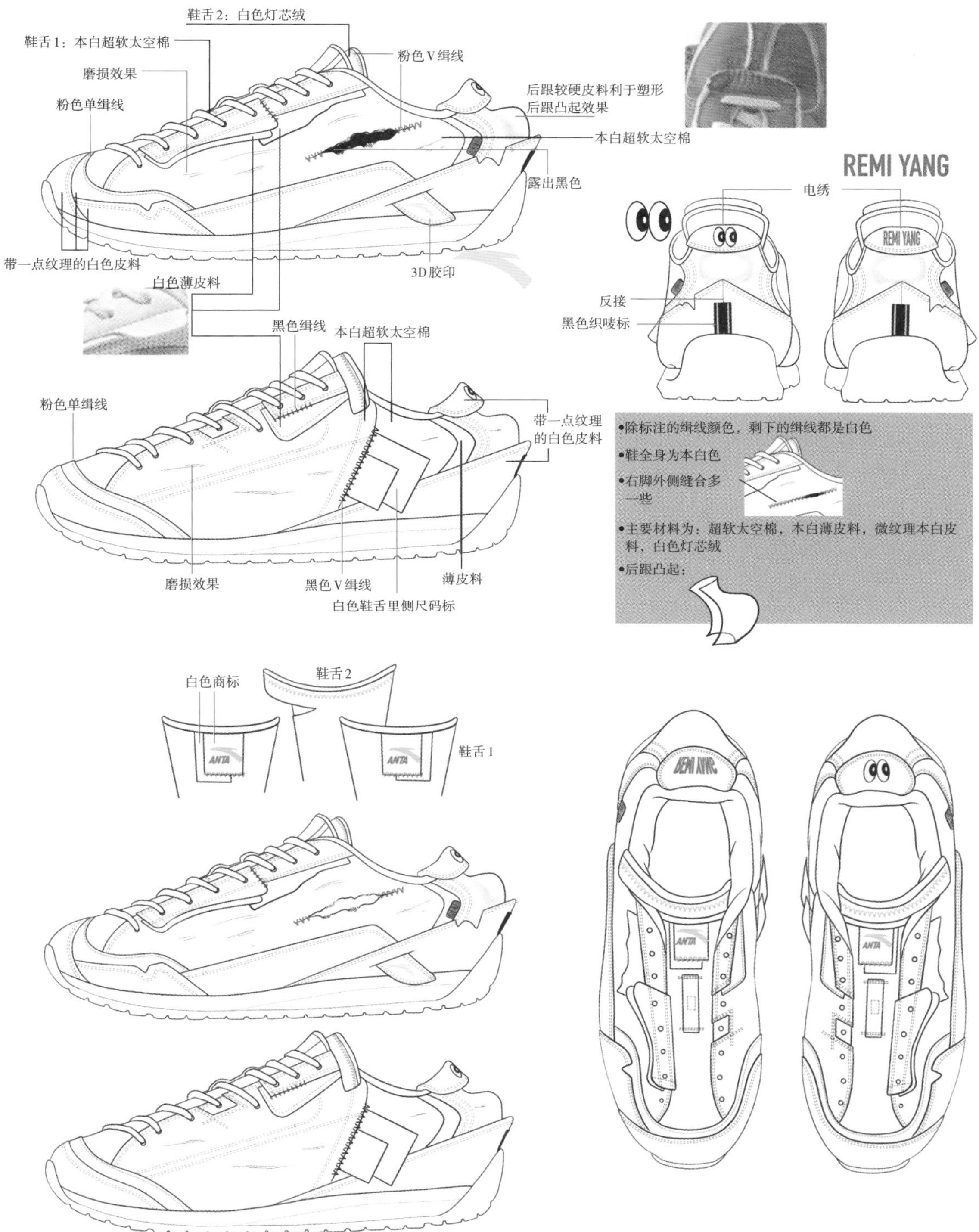

图6-15　鞋的细节设计效果表现（电脑表现）

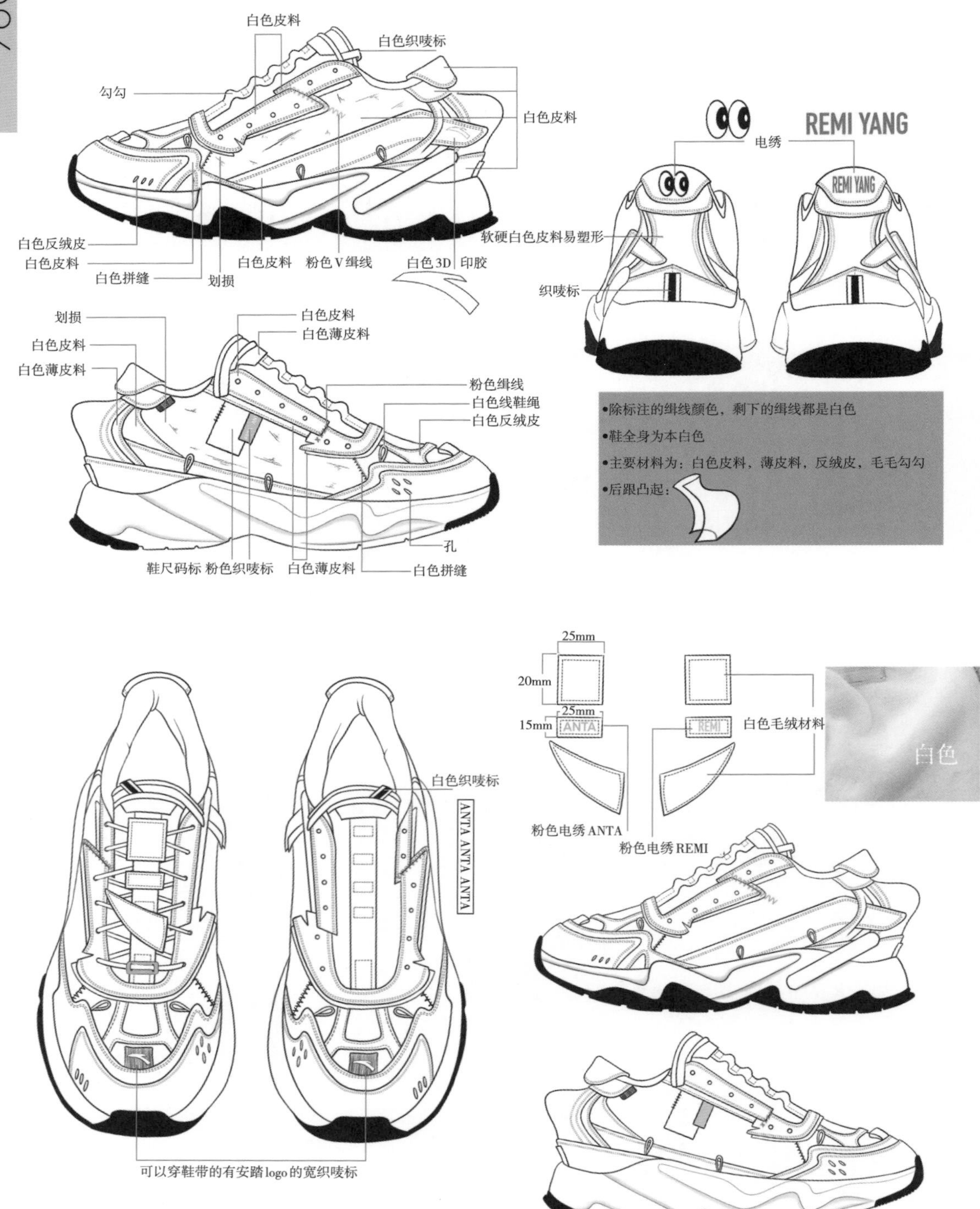

图6-16　鞋的细节设计效果表现（电脑表现）

6.4 尺寸图表现

常言道："衣不大寸、鞋不大分"，意思是指服装鞋帽的尺寸大小在穿着使用时的合适性和重要性，同样的道理，作为服务于服饰配件设计生产的服饰表现技法，鞋靴箱包等饰品的大小尺寸适当、设计准确表达也极为重要，如图6-17～图6-22所示。

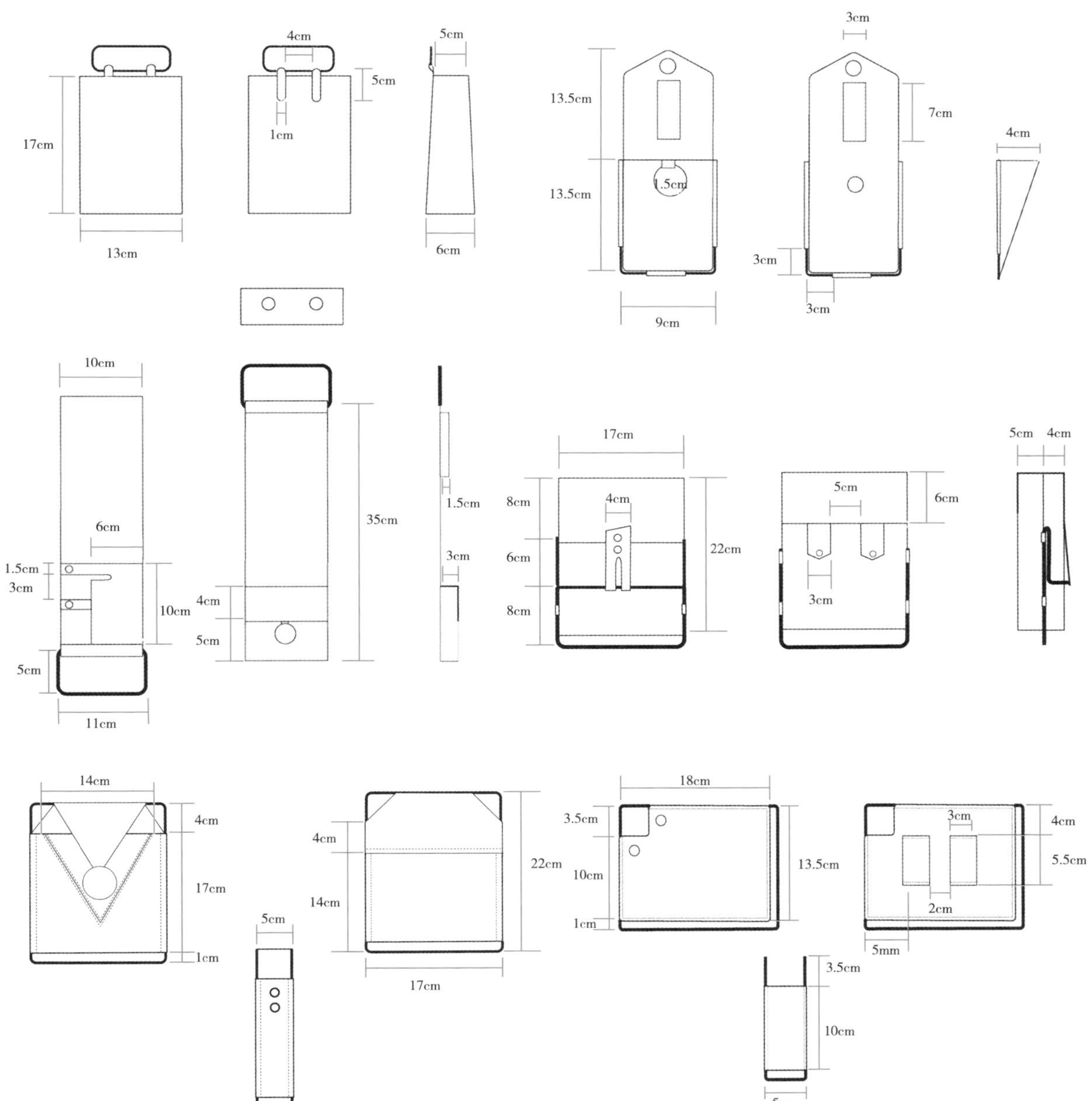

图6-17　包的结构板型及尺寸绘制（学生：丁佳雯　指导老师：童友军）

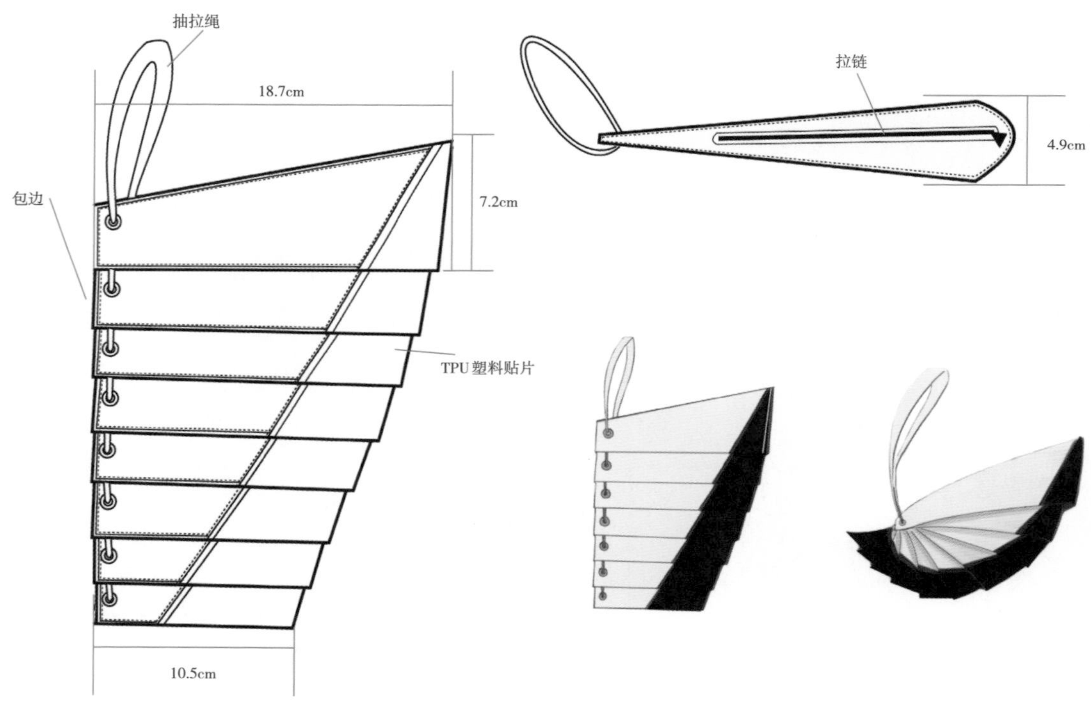

图6-18 包的结构比例及尺寸图表现（学生：张芮紫 指导老师：袁燕）

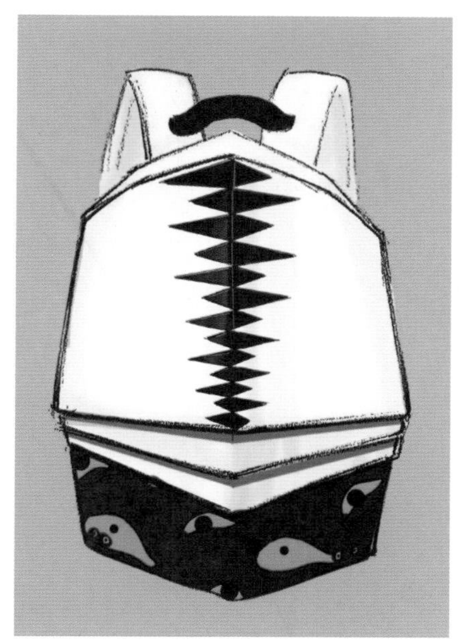

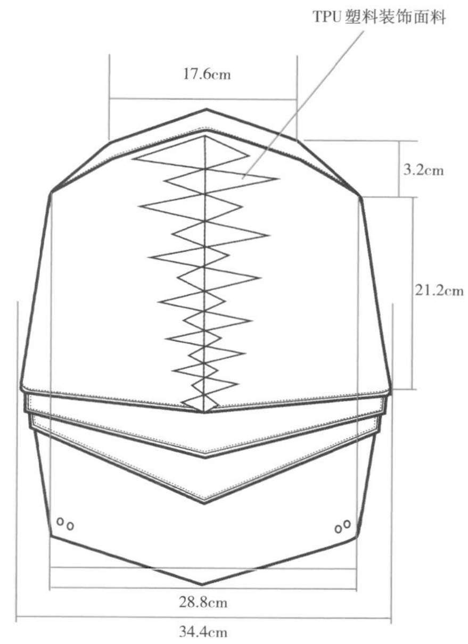

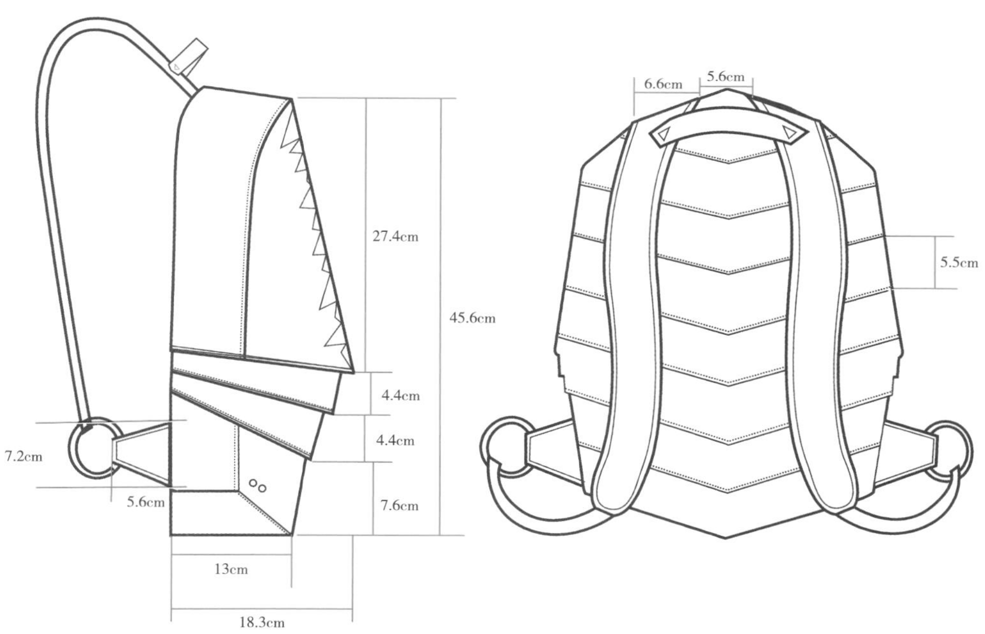

图6-19 包的结构比例及尺寸图表现（学生：张芮紫 指导老师：袁燕）

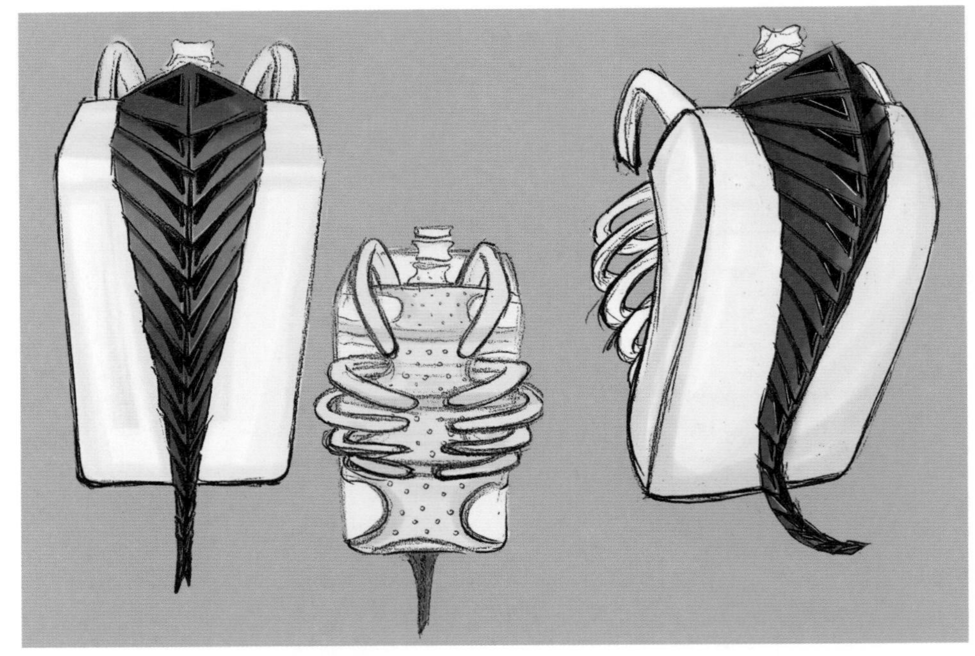

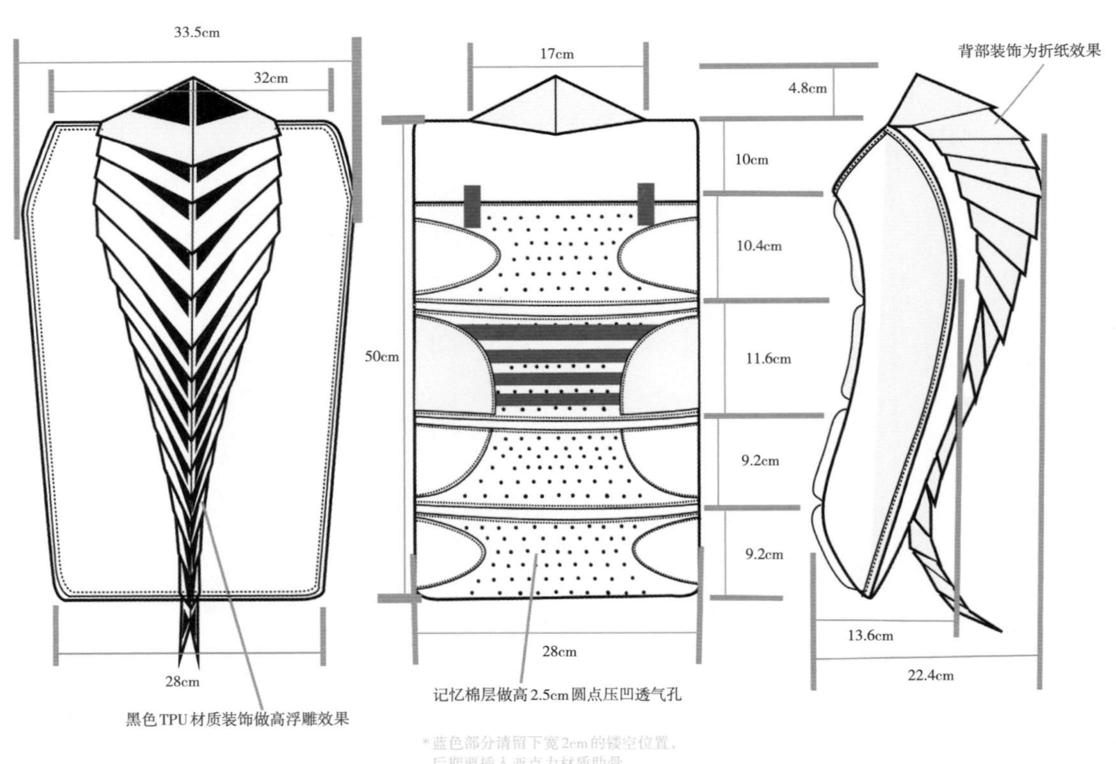

图6-20　包的结构比例及尺寸图表现（学生：张芮紫　指导老师：袁燕）

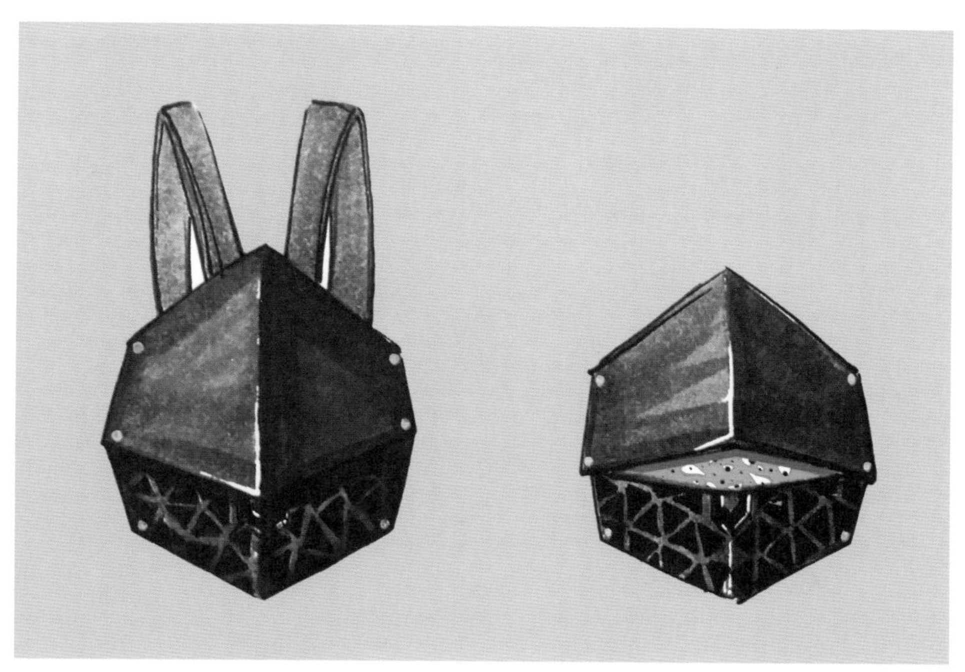

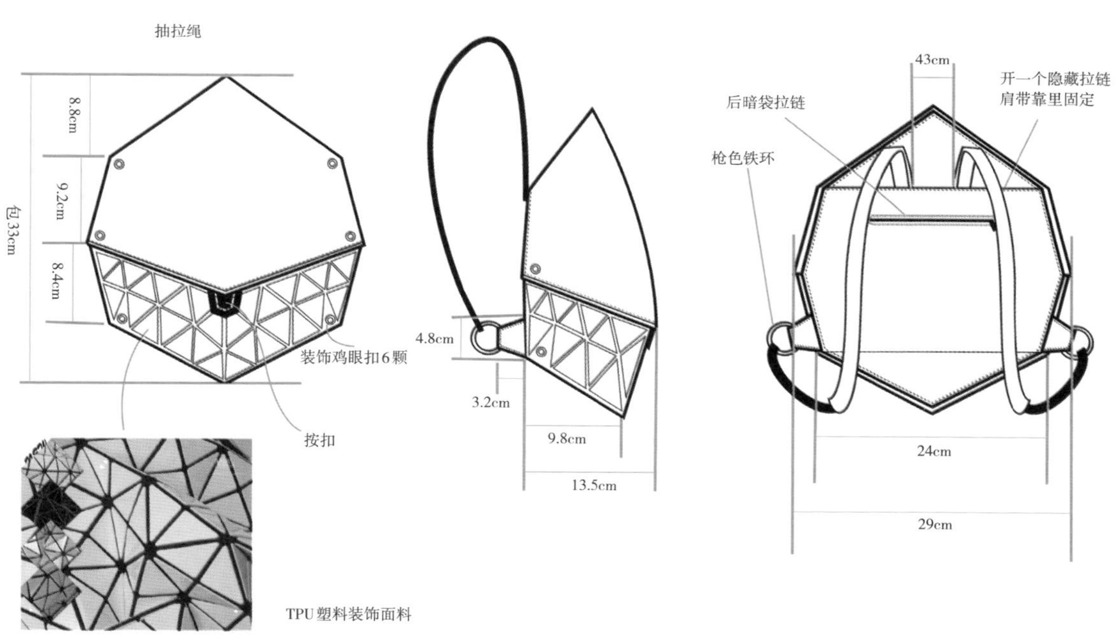

图6-21　包的结构比例及尺寸图表现（学生：张芮紫　指导老师：袁燕）

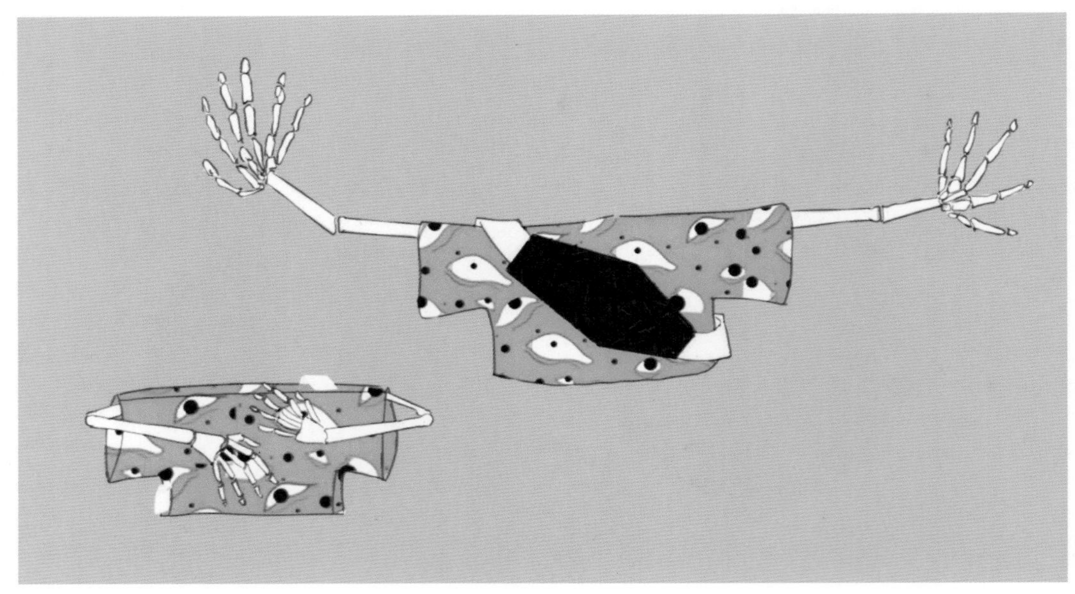

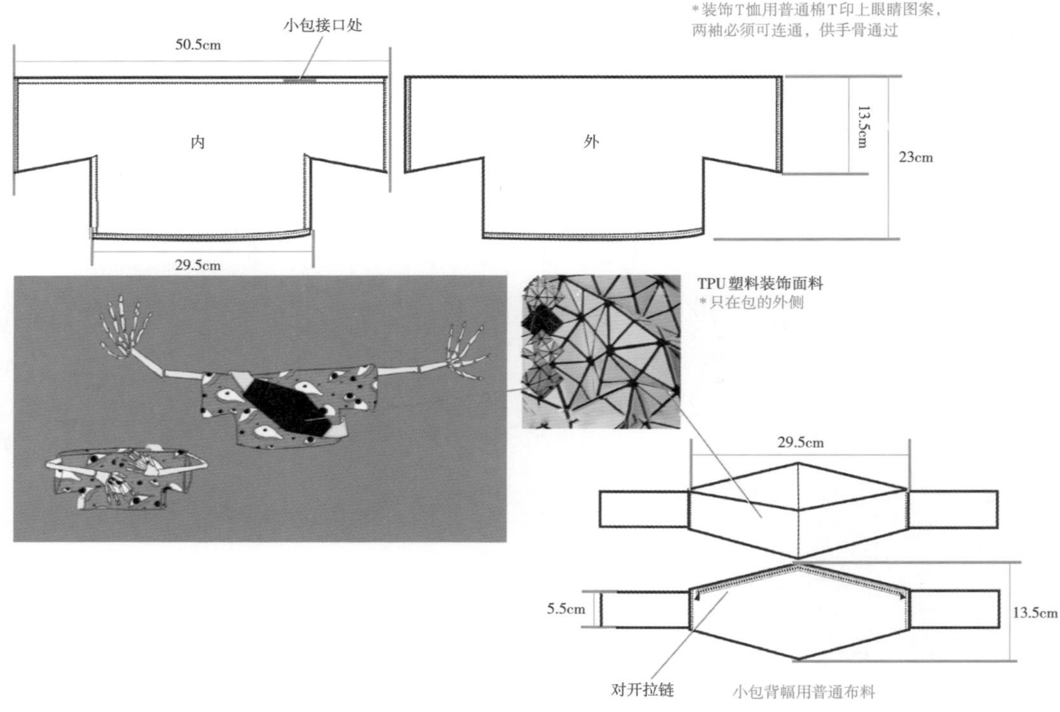

图6-22　包的结构比例及尺寸图表现（学生：张芮紫　指导老师：袁燕）

第7章 常见服饰配件表现步骤范例

课题名称： 常见服饰配件表现步骤范例

课题内容： 1. 帽子的表现

2. 包袋的表现

3. 鞋靴的表现

4. 首饰的表现

课题时数： 8课时

教学目的： 让学生了解主要服饰配件品类表现的主要步骤；熟悉相关服饰配件表现的大体过程；掌握相关服饰配件表现的方法技巧。

课题方法： 典型案例分析讲解，实际训练示范辅导。

教学要求： 理论讲解与实践训练相结合。

课前准备： 参考教材案例或其他辅助资料，进行适当的预习预练。

7.1 帽子的表现

有史以来，头部装饰一直是人体重要的装饰部分，帽子是人物头部装饰的一种主要物件之一，并在一定程度上体现人们的身份、气质。不同风格造型的帽子能让同一个穿戴者给人以不同的视觉感受。帽子的尺寸大小与人的头围大小紧密相关，并以此为依据来评判帽子的绘制与表现效果。在绘制帽子的时候要时刻记住帽子与头部的相互关系，同时帽子的比例、角度以及对称性等都是评判帽子画得好坏的重要因素。

7.1.1 帽子的主要类型

头部装饰历来就特别受到人们的重视，而帽子作为人们头部装饰重要物件之一，种类造型繁多，如草帽、毡帽、斗笠、棒球帽、贝雷帽、单车帽、渔夫帽、牛仔帽、船员帽、士官帽、大檐帽、太阳帽、圆顶高帽、高冠礼帽、浅顶软呢帽、苏格兰便帽、窄边软呢帽、无顶遮阳帽等，如图7-1所示。

图7-1　帽子的种类及基本造型

7.1.2 绘制帽子的基本步骤

帽子因功能和风格等不同而造型多样，表现形式也因材质肌理和色彩图案等不同而方法有别，绘制基本步骤如下：（1）线稿造型；（2）基本光影表现；（3）三面色彩描绘；（4）细节刻画；（5）整体效果调整。如图7-2所示。

7.1.3 不同材质帽子的表现

帽子的造型丰富、材质多样，如皮革、皮毛、棉布、针织等，其中针织帽是普遍用于寒冷天气、适合各年龄段人群佩戴的一种帽子。帽子以毛线针织而成，故名针织帽。在我国北方寒冷季节很多人在户外都选择针织帽保暖，在其他地区也有用时尚的针织帽来作为穿衣配搭的年轻人士，一般编织工具有钩针、棒针等，如图7-3所示。

↗ 图7-2　帽子的绘制步骤（学生：陶可佳）

↘ 图7-3　帽子的材质表现

7.1.4 绘制帽子的其他注意事项

帽子的造型除帽体本身外，时常会加配一些装饰物件，如金属材料或各种扣子等，尤其是女性帽子，常见的帽子附件有羽毛、蝴蝶结等，如图7-4所示。

图7-4 帽子的装饰物件表现

7.2 包袋的表现

包袋在现代人的生活中扮有重要角色，其实用功能和装饰功能并重，材质主要有皮质类材料、纺织类材料以及现代合成材料等，制作形式和风格类型多样。

7.2.1 包袋的主要类型

包袋类型主要有手拿包、保龄包、水桶包、月牙包、系绳包、战地包、凯莉包、挎肩包、邮差包、手提包、双肩包、达尔夫包、圆柱形包、香奈儿包等，如图7-5所示。

7.2.2 绘制包袋的基本步骤

包袋因功能和风格等不同而造型多样，表现形式也因材质肌理和色彩图案等不同而方法有别，效果表现基本步骤如下:（1）线稿造型;（2）基本光影表现;（3）三面色彩描绘;（4）细节刻画;（5）整体效果调整，如图7-6所示。

图7-5　各种包袋的造型

图7-6　包袋的绘制步骤

7.2.3 不同材质包袋的表现

包袋的制作材料丰富多样，不同材质的包给人以不同的视觉审美和使用感觉，常见的有皮革包袋、针织包袋、编织包袋、棉织包袋等（图7-7～图7-9）。

↗ 图7-7　不同材质包袋的手绘表现效果

↘ 图7-8　包袋的材质表现（学生：叶怀潞　指导老师：袁燕）

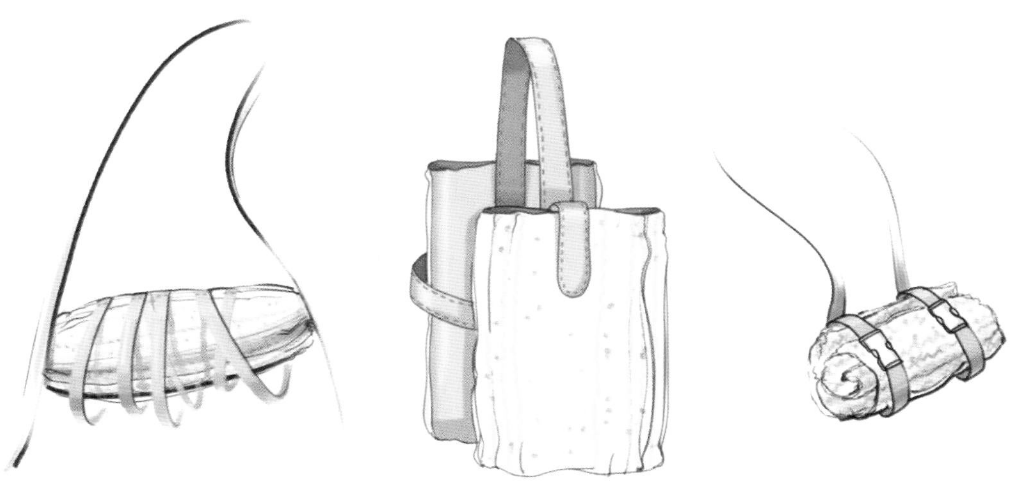

图7-9　不同材质包袋的电脑表现效果

7.2.4 绘制包袋的其他注意事项

现实生活中的包袋因造型、材质和工艺等的不同，造型特征和风格类型多样，有的外形自然柔软，风格休闲；有的外形方正硬挺，风格职业，无论什么样的造型特征，在表现时都要注意包袋的基本形体结构、大小比例、面料图案以及附件的位置、尺寸等主要细节（图7-10～图7-14）。

图7-10　包袋的配件表现（学生：杨芮　指导老师：童友军）

↗ 图7-11　包袋的图案手绘表现（学生：叶怀潞　指导老师：袁燕）
→ 图7-12　包袋的不同附件手绘表现（学生：丁艺伟　指导老师：袁燕）
↘ 图7-13　包袋的不同外形特征手绘表现（学生：杨芮　指导老师：童友军）

图7-14　包袋在人体上的不同位置关系及大小感觉

7.3 鞋靴的表现

鞋靴是现代人几乎每天都要使用的物品，并从侧面反映出穿着者的身份和品味，可谓“举足轻重”，所以有人说服装配饰中最精彩的部分是鞋子。鞋子的设计和制作可以追溯到人类最早对脚的描述，近几十年来人们对鞋子的理论研究和对鞋子的造型探讨已远远超越了鞋子本身的实用性。鞋子在保证舒适平稳等基本实用性的同时，应具有艺术品般的视觉审美性。

无论你是为生产还是销售而绘制鞋子的效果图，绘制者都要敏感地捕捉到鞋子的独特个性并将之升华和艺术化地表现。鞋子是三维立体的，并包裹着足部，足弓高于足掌。鞋头和鞋跟的形状是鞋子的两大主要特征之处，是展示鞋子独特设计的重要部分，因此需要重点强调。当然，选择何种效果表现一般是根据所绘效果图的最终用途和目的来确定的，用于生产或制板的效果图，通常要比例精准而写实（图7-15），用于广告插画或商业印刷等的效果图可以更加夸张和艺术化。

图7-15　鞋靴与人体的结构关系表现（图片选自“穿针引线”网）

7.3.1 鞋靴的主要类型

现代鞋靴种类繁多，主要有拖鞋、凉鞋、木屐、船鞋、平底鞋、牛津鞋、甲板鞋、高帮鞋、滑板鞋、踝带式鞋、带式凉鞋、T带式鞋、带式坡跟鞋、雨靴、踝靴、高帮靴、低帮靴、机车靴、沙漠靴、马丁靴、登山靴、赛车靴、雪地靴、马靴、高筒靴、北美防寒靴、维多利亚靴等，如图7-16所示。

图7-16　各种鞋靴的造型

7.3.2 绘制鞋靴的基本步骤

鞋子因功能和风格等不同而造型多样，表现形式也因材质肌理和色彩图案等不同而方法有别，但绘制基本步骤如下：（1）线稿造型；（2）基本光影表现；（3）三面色彩描绘；（4）细节刻画；（5）整体效果调整（图7-17）。

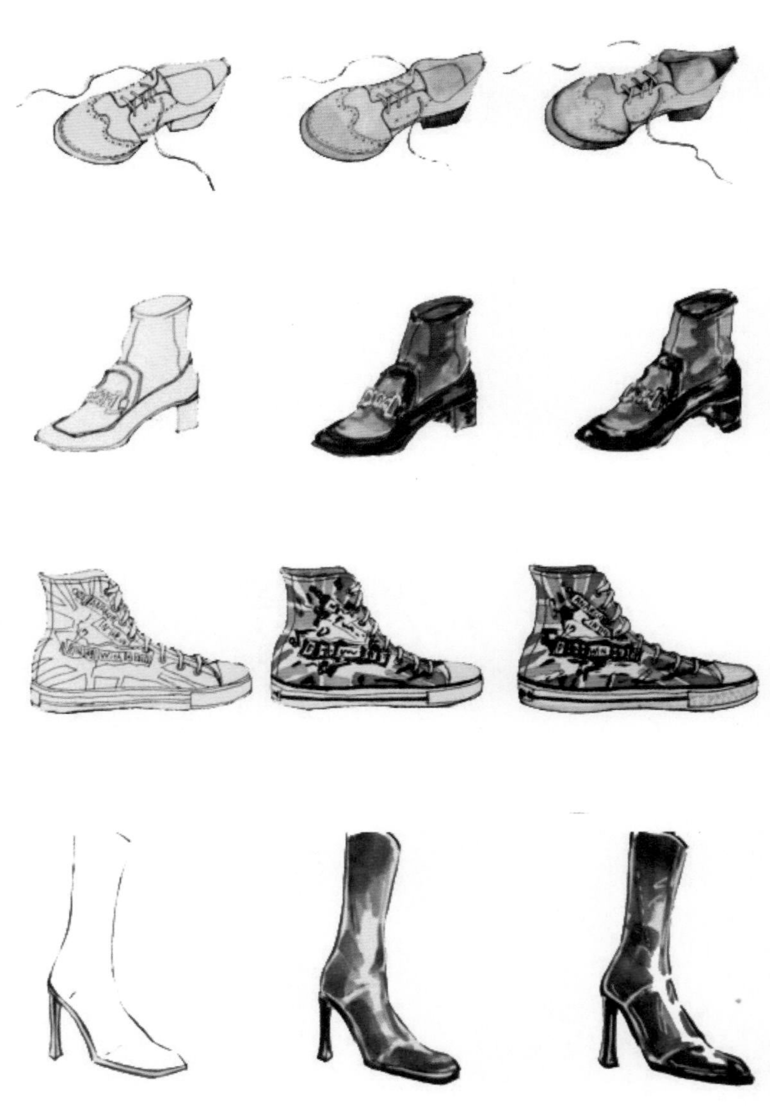

图7-17　鞋靴的绘制步骤

7.3.3 不同种类鞋子的表现

皮鞋：皮鞋是指以天然皮革为鞋面，以皮革或橡胶、塑料、PU发泡、PVC等为鞋底，经缝绱、胶粘或注塑等工艺加工成型的鞋类。皮鞋透气、吸湿，具有良好的卫生性能，是各类鞋靴中品位较高的鞋（图7-18）。

凉鞋：凉鞋是一种脚趾外露的鞋类，以赤脚穿着为主，通风凉快似拖鞋，不过凉鞋比拖鞋底厚，有鞋尾，用料多一点。凉鞋可分多种类型：有平跟、坡跟、高跟等（图7-19）。传统认为，凉鞋跟拖鞋一样，出席庄重的场合、做运动及驾驶车辆不适合穿着凉鞋。不过，夏天到沙滩散步，业余休闲生活等可以穿凉鞋。因为有着极其简单的构造，凉鞋是人类历史上最早出现的足上用品，它是从原始的包裹物演变而来的。古代文明时期都曾经出现过凉鞋，而且它们的外观结构看起来是在一副坚实的鞋底上绑系着带子或绳。

↗ 图7-18　皮鞋的表现效果
↘ 图7-19　凉鞋的表现效果

运动鞋：运动鞋是根据人们参加运动或旅游的特点设计制造的鞋子。运动鞋的鞋底和普通的皮鞋、胶鞋不同，一般都是柔软而富有弹性的，能起一定的缓冲作用。运动时能增强弹性，有的还能防止脚踝受伤。所以，在进行体育运动时，大都要穿运动鞋，尤其是剧烈体能运动，如跳远、跑步、跳高等（图7-20）。

7.3.4 绘制鞋子的其他注意事项

现实生活中的鞋子因造型、材质和工艺等的不同，造型特征和风格类型多样，有的外形较为自然柔软，风格休闲；有的外形偏方正、硬朗，风格职业，无论什么样的造型特征，在表现时都要注意鞋子的基本造型结构以及一些附件的尺寸大小等主要细节。另外，鞋与脚的关系表现十分重要，常言道“鞋子合不合脚，只有穿鞋的人更清楚”，这句话从侧面反映出鞋与脚的关系，鞋子的造型结构、宽窄肥瘦是根据脚的结构特征和活动需要而进行设计和生产的，以便能够充分满足脚的物理需要和人的审美要求（图7-21）。尽管鞋子的造型千万种，穿用形式也十分多样，但其主要组成部件一般是鞋底、鞋帮、鞋跟、鞋面等。

↗ 图7-20　运动鞋的表现效果
↘ 图7-21　女式皮鞋的表现效果

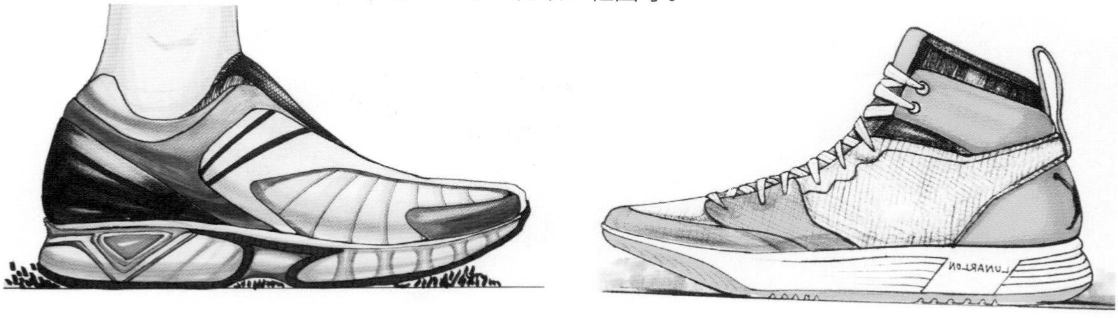

7.4 首饰的表现

首饰是现代配饰的重要组成部分，形式多样，品种繁多。一般来说，首饰主要集中装饰在人的头部、颈部、胸部及手部等位置，如发卡、发簪、耳坠、耳环、项链（图7-22、图7-23）、胸针、胸花（图7-24、图7-25）、手镯、戒指等。现代首饰的材质也十分丰富，如石材、金属、玻璃、树脂等。首饰的表现步骤与鞋包等其他饰品的绘制步骤大同小异，在此不做赘述。同样，因为首饰有不同材质特点及风格类型，所以在表现不同的首饰时要选择不同的绘图材料和绘图工具来进行绘制和表现，以达到不同的表现效果，同时还要注意饰品与人体结构、比例和位置等关系的准确性，如图7-26、图7-27所示。

图7-22　首饰的手绘表现效果

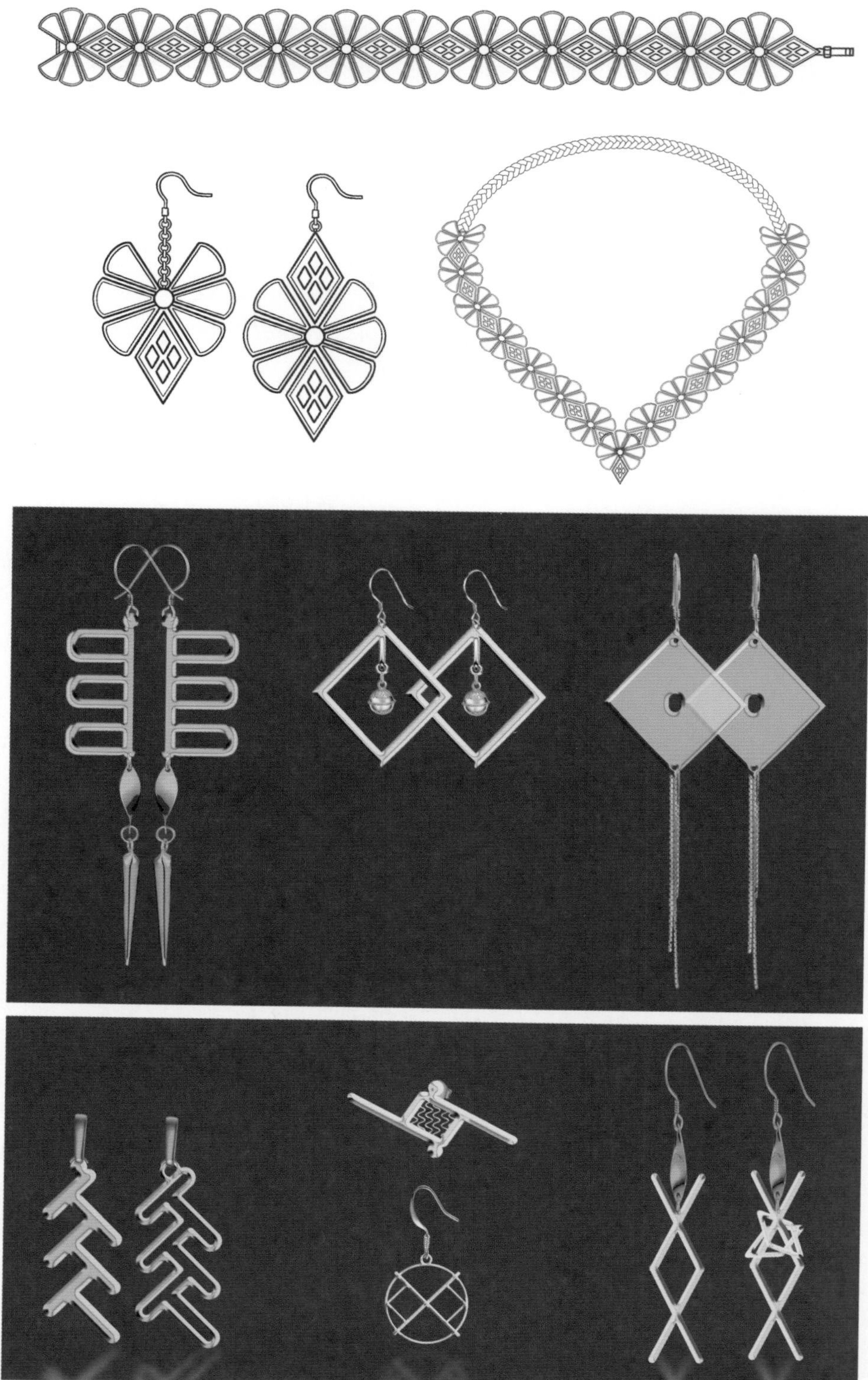

图7-23　首饰的电脑表现效果（学生：徐君山　指导老师：卢新燕）

图7-24　首饰的电脑表现效果（学生：丁佳丽　指导老师：童友军）

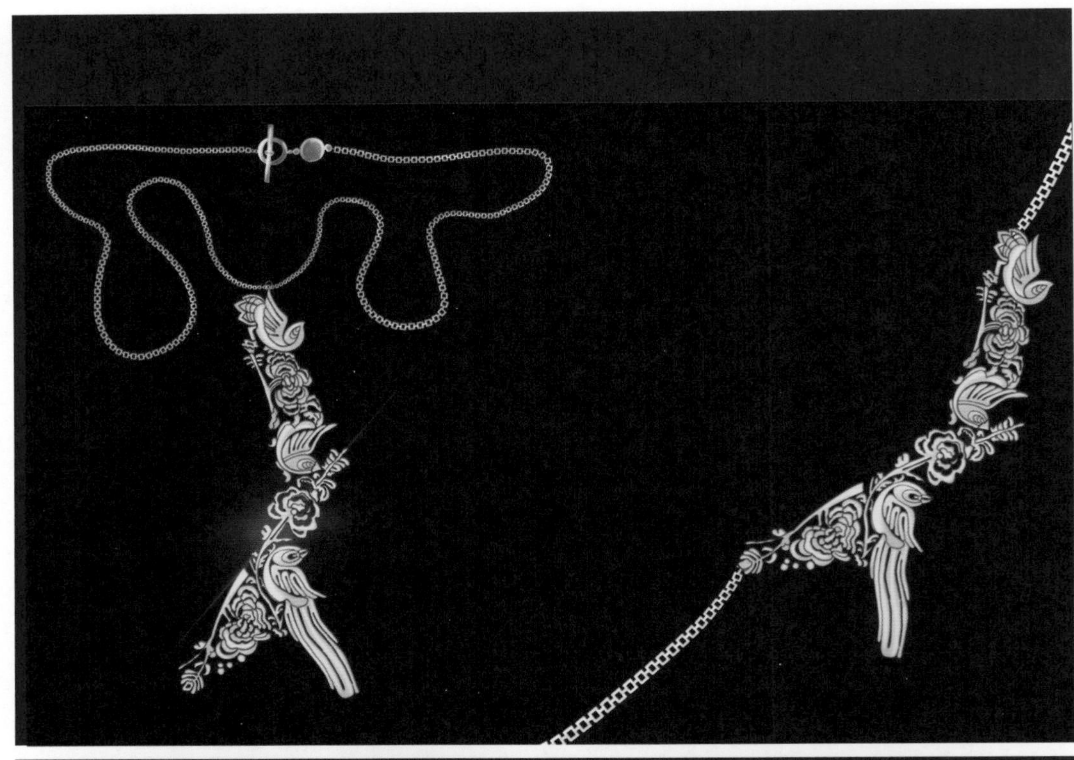

图7-25　首饰的材质表现效果（学生：周晓颖　指导老师：卢新燕）

图7-26　首饰与人体的位置关系表现

图7-27　首饰与人体的位置关系表现

第8章 服装人体及服饰整体表现

课题名称：服装人体及服饰整体表现

课题内容：1. 头与头部饰物表现

2. 手与手部饰物表现

3. 脚与脚部饰物表现

4. 人体及其饰物的整体表现

课题时数：6课时

教学目的：让学生了解服装人体及其相关服饰配件的综合表现形式；熟悉相关服装服饰表现的基本要求；掌握相关人物服装及其配件的表现技巧。

课题方法：优秀案例分析讲解，实际训练示范辅导。

教学要求：理论讲解与实践训练相结合。

课前准备：参考教材案例或其他辅助资料，进行适当的课前预习。

服饰配件效果的展示时常会借助时尚人物的造型动态来更加有效地展示，所以一个合格的服装配饰设计师必须能够根据饰品风格造型及使用情况等需要，熟练地绘制人物动态及造型。相对而言，服装配饰的人体表现不需要像服装表现技法那样大多通过站立的姿态来表现，可以是局部的和更加放松的。

服饰效果图的人体是服从于服装、服饰的表现需要的，它有别于真实的人体比例和基本特征，是夸张化、修长化、唯美化和时尚化的人体比例和结构造型，一般多为8个头长及以上，有的甚至为了服装风格的更好表现和需要而把人体比例拉长到12、13个头长比。服饰效果图的人体比例一般以8头长较为合适和多见，因为服饰效果图一般来说相对写实，没有服装效果图那么夸张。男女人体因生理结构的不同而表现出相异的结构特征，服饰人体表现时也基本遵循和有意反映出这种差异性，服饰效果图的人体相对正常人体来说明显偏瘦和修长，否则会给人感觉偏胖或大号的感觉。

8.1 头与头部饰物表现

了解头部基本结构及大体脸型特征是画好服装画人物头部的基础。现实生活中人物的脸型主要有长脸、方脸、圆脸、瓜子脸、鹅蛋脸等，时装画人物头部及脸型的表现也是基于这些明显特征来更加夸张化、艺术化地表现着装人物的个性特征及服装服饰的风格韵味。

8.1.1 头的表现

服装画中的人物头部结构造型不仅要遵照“三庭五眼”的基本法则，要符合基本透视规律，同时还要注意发型与头部及脸型结构动态的关系（图8-1、图8-2）。

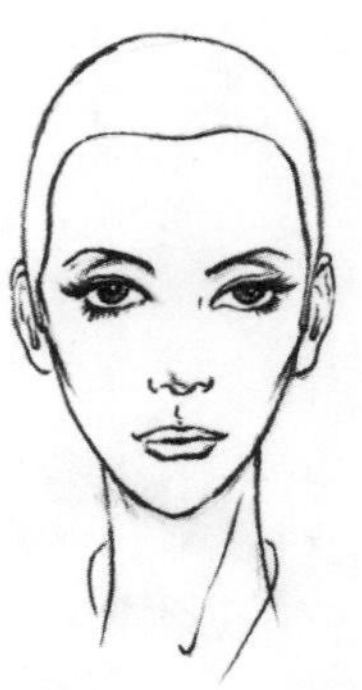

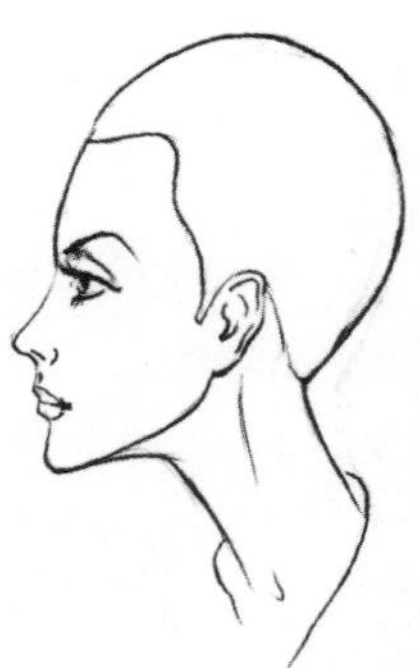

图8-1　服装人体头部结构比例与角度表现

图8-2　服装人体头部特征与发型关系表现

8.1.2 头部饰物表现

发饰、帽子等是服装人体头部装饰的主要物件，无论何种头部饰物，其表现都要符合头型、发型结构，不能游离主体，尤其是各种帽子一定要适合头型结构和大小，给人以真正戴在头上的感觉（图8-3、图8-4）。

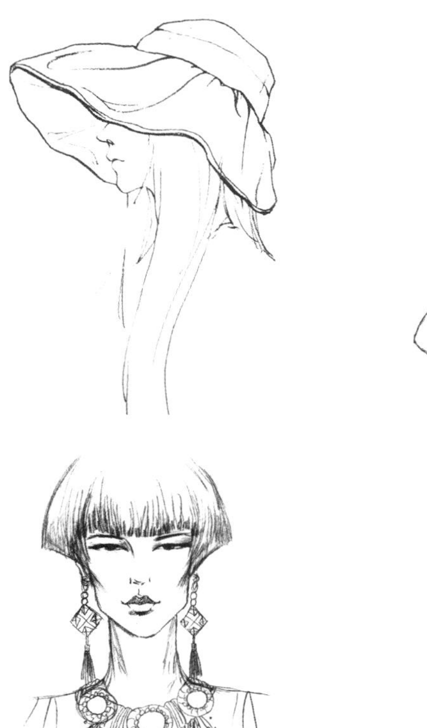

↖ 图8-3　服装人体头部饰物表现
↘ 图8-4　服装人体头部饰物表现

8.2 手与手部饰物表现

了解手部基本结构及大体造型特征是画好服装画人物手部的基础。现实生活中人的手形千差万别，手掌有大有小，手指有粗有细。时装画人物的手及动态的表现、位置的摆放也是基于服装服饰表现的需要来确定的，目的是更加明显有效地表现着装人物的个性及服装服饰的风格特征。

8.2.1 手的表现

手是服装画中重要的肢体语言，是配饰表现的重要“道具”，表现得好可以使得服装、配饰更加优雅和富有个性风格。服装服饰表现技法中的手应简练、概括，不宜有过多细节刻画。女性的姿态更加丰富，手指更为纤细，男性的手肌肉相对发达，棱角分明，手指较粗、指尖稍显方形，姿态相对不如女性柔美，需要强调的是无论表现男女的手都要简化省略，手指基本上被处理成并拢状态，以增强手的整体统一性，如图8-5所示。

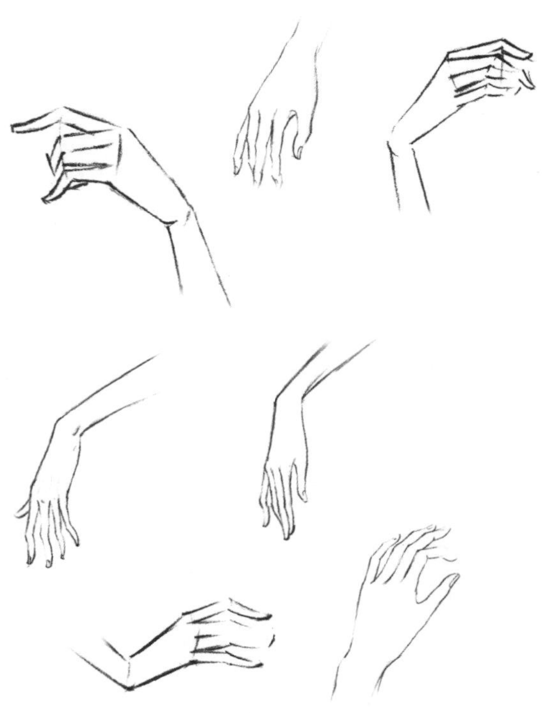

图8-5　服装人体手部结构与比例关系表现

8.3.2 手部饰物表现

常言道："手是人的第二张脸"，在绘画上其含义是指手结构的复杂性和表现的重要性。在服装画技法里，人物的手同样是服饰表现的重要"道具"，也是整体效果呈现的重要组成部分，尤其是在表现手部配饰物或服装的风格类型上，手的角度、动态、姿势、位置等都是画面语言和设计点所在，如图8-6所示。

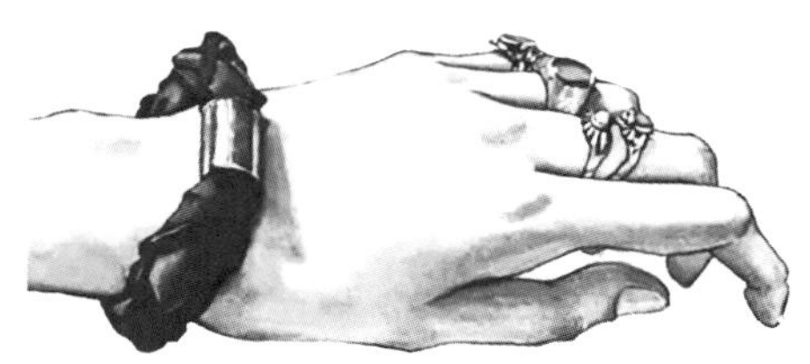

图8-6 手部饰物及包的表现

8.3 脚与脚部饰物表现

8.3.1 脚的表现

脚的重要作用是支撑人体，而穿在脚上的鞋子更是反映了着装者的诸多信息，左右脚的合理正确摆放和结构准确能够给人感觉人物姿态和谐，反之将会给人以重心不稳的感觉，如图8-7所示。

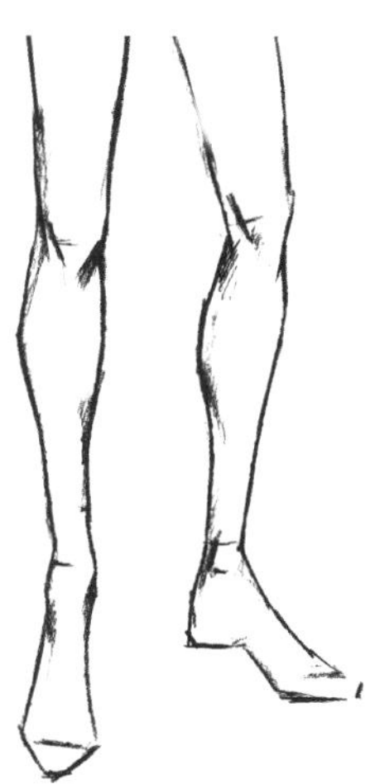

图8-7 服装人体腿脚部结构关系表现

8.3.2 脚部饰物表现

各式各样的鞋靴是脚部装饰的主要物件，正确表现人体腿脚部的结构、造型和比例是设计表达鞋靴的基础和关键，如图8-8所示。

图8-8 服装人体腿脚部结构与鞋靴等关系表现

8.4 人体及其饰物的整体表现

8.4.1 人体的整体表现

一个合格的时装设计师，必须练就随时为表达设计灵感而快速绘制出服装人体的基本技能。相对而言，服装配饰效果图通常不需要绘制出完整的人体站姿，除非是要求从头到脚的整体搭配。服装画人体表现同样是在现实人体的基础上加以修长化、夸张化、艺术化的表现，但其基本结构特征、比例造型还是遵照一定原则的，目的是能准确而直观地表现出设计服务对象的年龄、性别、风格等重要设计信息，同时在一定程度上反映出设计师的设计理念和审美倾向，如图8-9所示。

图8-9　服装人体及其整体表现

8.4.2 人体与服饰的整体表现

在绘制服装配饰效果图时，服饰品应当是画面的主角，但有时需要部分人体来辅助烘托，合理地截选人物身体是很考验绘制者水平的，一般不要正好在人体的关节处进行分割，否则会给人以视觉上的不舒服。

同样，在表现服装人体时，人体比例造型等一定要服从服饰、服装及人体动态等需要。通常，人体高度是以头长为单位来衡量的，现实生活中的人体一般为7~7.5个头长，写实绘画中有“站七、坐五、盘三半”的说法，而服装人体造型为了更好地表现人物的修长和服饰的美感，普遍把人体拉长到8个头长及以上，有的甚至更夸张拉长到9~13个头长来进行表现（图8-10～图8-26）。

↙ 图8-10　人体及服装造型的整体表现

↘ 图8-11　人体及服装配饰造型的整体表现

图8-12　系列服装造型的整体表现

图8-13　系列服装的整体表现

图8-14　儿童服装的基本表现

温馨提示

男女人体的高度比例基本相同，但由于男女性别不同，体型特征也明显有别。相对来说，男性肩宽，上半身较为发达；女性则相反，下半身较为发达，臀部较宽。另外，服装画的人体跟现实中的人体相比偏瘦，否则会给人感觉“加大号”的效果。

图8-15　人体服装的单色效果表现

↖ 图8-16　服装服饰的面料表现
↗ 图8-17　服装服饰的材质表现

↖ 图8-18　服装与鞋饰的基本表现
↗ 图8-19　服装与鞋饰的效果表现（作者：邹游）

图8-20　服装与配饰的整体手绘表现（学生：金笑雨　指导老师：童友军）

图8-21　服装与配饰的整体手绘表现（学生：金笑雨　指导老师：童友军）

图8-22　服装与配饰的整体手绘表现（学生：宋咏祺　指导老师：童友军）

↖ 图8-23　服装与配饰的整体电脑表现（学生：曾志民　指导老师：童友军）
↗ 图8-24　服装与配饰的整体电脑表现（学生：曾志民　指导老师：童友军）

图8-25　服装与配饰的整体电脑表现（学生：曾志民　指导老师：童友军）

图8-26　服装与配饰的整体电脑表现（学生：曾志民　指导老师：童友军）

参考文献

[1] 许星. 服饰配件艺术[M]. 3版. 北京：中国纺织出版社，2009.

[2] 史蒂文 · 托马斯 · 米勒. 服装配件绘画技法[M]. 蔡崴，侯钢，译. 北京：中国纺织出版社，2014.

[3] 王渊，罗理婷. 珠宝首饰绘画表现技法[M]. 上海：上海人民美术出版社，2018.

[4] 赵晓霞. 时装画电脑表现技法[M]. 北京：中国青年出版社，2012.

[5] 杨秋华. 服饰绘画表现技法[M]. 上海：上海交通大学出版社，2010.

[6] 李正，等. 服装画表现技法[M]. 上海：东华大学出版社，2018.

POSTSCRIPT 后记

由于工作变动及疫情等原因，本教材的编写断断续续，另外受个人水平所限，教材的编写存在诸多不足，敬请专家及同行们批评指正。书中大量的图例主要是本人近些年的专业课程教学范例及所指导的部分本科生、研究生的课程作业或毕业设计作品，少量图例是由袁燕等几位老师提供和指导的学生作业，在此表示感谢！另外，由于种种原因，教材中有少量图例无法标出学生的姓名，在此表示歉意！

2021年12月于厦门